図解 眠れなくなるほど面白い

天文学の話

天文学者・国立天文台 上席教授
渡部 潤一 監修
Junichi Watanabe

日本文芸社

はじめに

夜空を見上げると、そこには無数の星が輝いています。しかし、その光の正体を正しく説明できる人はどれくらいいるでしょうか。私たちは宇宙について知っているようで、実はあまりよくわかっていません。

天文学は、人類が長年にわたり探索してきた学問です。古代の人々は、星の動きを頼りに季節を読み、航海の道しるべとしました。やがて望遠鏡の発明によって、星はただの光ではなく、太陽のように燃え上がる恒星や、太陽のまわりを回る惑星であることが明らかになりました。そして現代、宇宙望遠鏡や探査機の発展によって、私たちは百億光年先の銀河の姿を捉え、宇宙の起源に迫る手がかりを得るまでになりました。

本書では、そんな天文学の世界を図解とともにわかりやすく紹介します。まず、第1章で、星や天体にまつわる興味深い話を取り上げ、夜空の魅力を再発見していきます。

次に第2章では、「冥王星が惑星から除外されたのはなぜ?」「衛星が一番多いのは土星? 木星?」といった、意外と知られていない宇宙の不思議を探ります。

続いて第3章で、望遠鏡の発展や最新の観測技術を解説し、天体観測の進化をたどります。

そして第4章では、歴代の天文学者たちが唱えたさまざまな「説」を検証し、それがどのように発展してきたのかを見ていきます。

最後の第5章では、人類が宇宙へ進出するまでの歩みと、未来の宇宙開発の可能性を探ります。

天文学の面白さは、「まだわかっていないことが非常に多い」という点にあります。そう、私たちが知っていることはほんの一握りでしかありません。しかし、だからこそ、その謎を解き明かす過程には大きなロマンが詰まっています。本書が、読者のみなさんにとって天文学の世界へ踏み出すきっかけとなれば幸いです。

天文学者・国立天文台上席教授　渡部潤一

天文学とは「宇宙の神秘」を科学で解き明かしていく学問

天文学

天体や宇宙について研究する学問。宇宙の構造や起源、進化、現象などを解き明かすことを目的としている

天文学は最古でありながら最先端の学問

宇宙に関する学問の代表格といえば天文学ですが、具体的にはどのような学問なのでしょうか。宇宙物理学との違いにも触れながら、まずは基礎知識を解説します。

天文学は、星や惑星、銀河など、宇宙に存在する天体や現象を研究する学問です。望遠鏡や観測機器を用いて、可視光や電波などのデータを

宇宙物理学

天体や宇宙の現象について物理学を用いて研究する学問

位置天文学

天体の位置や大きさ、運動を研究する学問

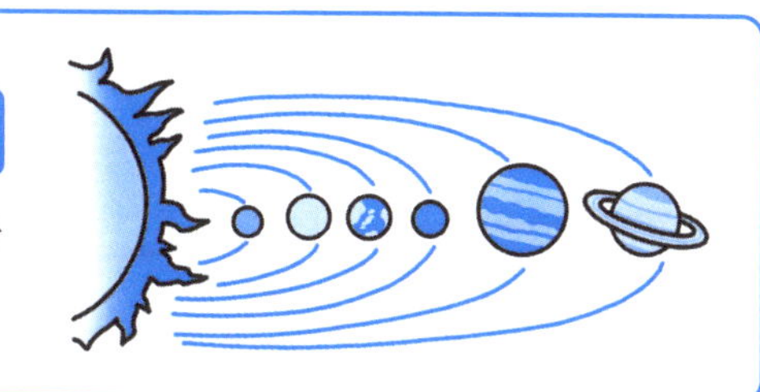

天体力学

天体の運動を力学の法則に基づいて研究する学問

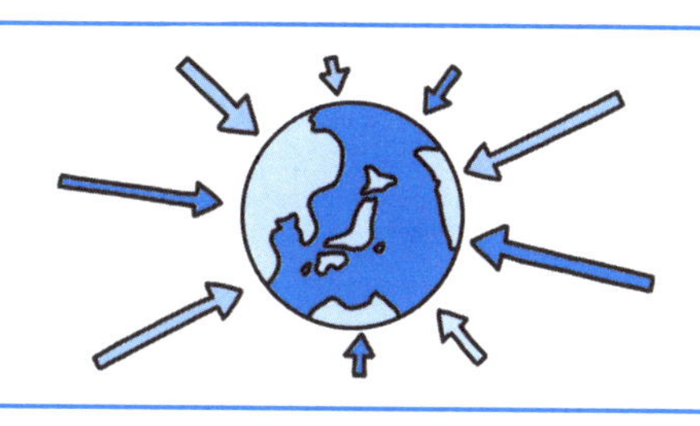

収集し、星の分類や銀河の形状・分布、天体の運動や位置の測定を行いながら、宇宙の仕組みを探ります。

天文学は大きく3つの分野に分けられ、そのひとつが「宇宙物理学」です。ほかに、天体の位置や運動を研究する「位置天文学」、天体を力学の視点から解析する「天体力学」があります。

宇宙物理学は、宇宙で起こる現象を物理法則で説明し、その成り立ちや進化を理論的に解明することを目的とする学問です。数学や物理学を駆使し、観測データを理論的に解析するほか、シミュレーションなども活用して研究を進めます。こうした他分野の知識を応用しながら、天文学をより深く探究する比較的新しい学問といえるでしょう。

眺めるだけだった宇宙に到達！ 5000年の天文学ヒストリー

天文学の研究が進みついに人類は宇宙に到達した

天文学は、古代に誕生した学問です。**人々は太陽や月の動きを読み取り、それを生活に取り入れてきました**。天体の規則的な動きから時計や暦を生み出し、農作業や占いにも活用していたのです。

当初は、地球を中心に空が動くという天動説が主流でした。しかし、のちに空ではなく地球が動いている

2020年
アルテミス計画が始動。近い将来、人類は再び月へ!

1929年
エドウィン・ハッブルが宇宙の膨張を発見

1961年
ユーリ・ガガーリンが有人宇宙飛行を達成

1915年
アルベルト・アインシュタインが一般相対性理論を発表

2019年
ブラックホールが撮影される

1990年
ハッブル宇宙望遠鏡が打ち上げられる

1969年
アメリカのアポロ11号が月面に着陸

1957年
ソ連が世界初の人工衛星スプートニク1号の打ち上げに成功

1665年
アイザック・ニュートンが万有引力の法則を発見

とする地動説が唱えられるようになります。そして17世紀、ガリレオが自作の望遠鏡で初めて天体観測を行いました。観測技術の発展とともに、天文学の研究は飛躍的に進んでいきます。

1957年、ソ連が世界初の人工衛星を打ち上げ、数年後には有人宇宙飛行にも成功。そして1969年、アメリカのアポロ11号が人類初の月面着陸を達成しました。これにより、**人類は宇宙を観察するだけではなく、直接探査する段階へと進んだのです。**

その後も宇宙開発は着実に進み、無人探査機による惑星探査や宇宙ステーションの建設が行われました。技術の進歩により、宇宙探査の可能性はさらに広がっています。

目次

第1章 思わず夜空を見上げたくなる星と天体の話

第2章 大人も答えられない宇宙の不思議とギモン

天体観測のすごすぎる進化

歴代の天文学者たちの『説』を徹底検証

宇宙へ行きたい！「人×宇宙」のこれまでとこれから

巻末特集

※天体観測を行う際は、太陽を直接見ないようにしましょう

思わず夜空を見上げたくなる星と天体の話

夜空に輝く星々には、それぞれの物語があります。星座の神話や天体の不思議を知ると、夜空を見上げる楽しみがさらに広がるでしょう。

よく話題になる日食や月食ってどんなもの？

太陽・地球・月の位置関係が生む現象

テレビやネットのニュースで耳にする日食や月食。太陽や月が関係していることはわかりますが、その正確な違いはご存じでしょうか。**日食は地球、月、太陽の順で一直線に並んだとき、太陽が月に隠されることで起きる現象**で、部分日食・金環日食・皆既日食の3種類があります。

部分日食は月が太陽の一部を隠し、欠けているように見える状態。金環日食は太陽がリング状に見える状態です。皆既日食は太陽を月がすっぽり覆い隠した状態で、昼にもかかわらず地表は夜のように真っ暗になります。

太陽の直径は月の約400倍。また、地球から太陽までの距離は、地球から月までの距離のこれも約400倍。よって両者の見かけ上の大きさはほぼ同じになります。私たちが日食を観測できるのはそのためです。

一方、**月、地球、太陽の順に一直線に並んだときに起きるのが月食です**。地球が太陽から月に届く光の一部をさえぎると部分月食に、すべてをさえぎると皆既月食になります。

月食は満月のときに起きる天体現象ですが、月の軌道と地球の軌道に傾きがあるため、満月だからといって必ず起きるわけではありません。新月のときに起きる日食も同様で、月の軌道と見かけの太陽の軌道（黄道）にも傾きがあるため、新月でも日食が起きないケースが多いのです。

日食と月食のメカニズム

「地球―月―太陽」の順に並んだとき起きるのが日食で、「月―地球―太陽」の順に並んだときに起きるのが月食。

満月

地球

新月

太陽

月の軌道

皆既月食が見られる状態

皆既日食が見られる状態

皆既日食

太陽が月によって完全に隠れる状態。地球、月、太陽が一直線に並ぶ必要があるが、地球と月の軌道には傾きがあるのでめったに起こらない。

月の満ち欠け

月の満ち欠けも、日食や月食と同様に地球・太陽・月の位置関係によってもたらされる天体現象。満月から次の満月までの満ち欠けの周期は約29.5日。

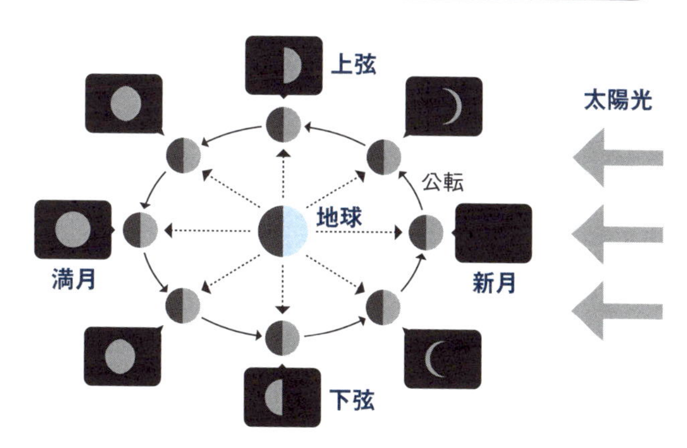

月が明るく見えるのは、太陽の光を反射しているため。時間の経過とともに位相（見え方）が変化するのは、地球のまわりを公転する過程で太陽光に照らされる場所が変わるから。

何に見える？ 場所によって月の見え方が違う理由

月の海と高地が織りなすコントラスト

月の表面をよく見ると、明るい部分と暗い部分のまだら模様になっていることがわかります。昔の人はその模様を「うさぎが餅をついている」姿に見立てました。いわれてみると、たしかにそのように見えてきます。

月の表面の模様を形づくる暗い部分は「海」と呼ばれています。地球の海とは違って水はありません。かつて月に大きな隕石が衝突し、その際に流れ出た溶岩が衝突跡を埋めるように冷え固まりました。この溶岩（玄武岩）が太陽光を吸収するため、暗く見えるのです。

それでは月の明るい部分には何があるのでしょう。**月の表面の明るく見えるところにはクレーターや山が存在し、「高地」と呼ばれています**。高地を形成するのは斜長岩という光を反射する特性を持った鉱物。白く明るく見えるのはそのためです。このように**月の海と高地が織りなす明暗のコントラストが、特徴的な模様を生み出している**のです。

日本では月の模様を餅をつくうさぎに見立てますが、ところ変われば見方も変わります。カニやロバ、あるいは女性の姿に見立てる国や地域もあります。月は地球に対して常に同じ面を見せています。地球上のどの場所から見ても同じ模様にもかかわらず、このように解釈が違ってくるのは興味深いことです。

パレイドリア効果とは？

人間の脳には無意味な模様や事物を、自分の知っているものに当てはめて解釈しようとする働きがある。これを精神医学で「パレイドリア効果」という。木の壁の模様が人の顔に見えるのも、月の模様が餅をつくうさぎに見えるのもこの働きによる。

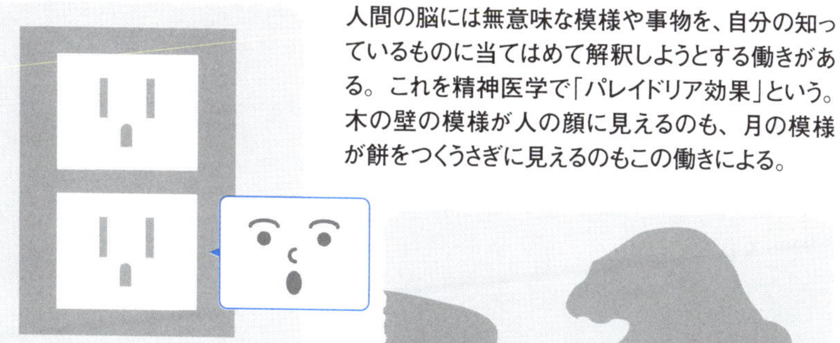

例）コンセントの差し込み口が顔のパーツに見えてしまう。

例）空に浮かぶ雲が怪獣の姿に見えてしまう。

文化の違いが見え方の違いに

人々は月の模様をパレイドリア効果によって身近な何かに見立てる。では、月の模様は変わらないのに、地域によって解釈が異なるのはなぜか。それは生まれた場所や育った文化圏によって、感じ方やイメージするものが違うため。

「ブルームーン」は青く見えるわけではない

ひと月の間に出る2回目の満月

ブルームーンと聞くと、夜空に神秘的な色をたたえる青白い月の姿を思い浮かべてしまいます。ところが実際は、必ずしも青色の月を指す言葉ではないのです。

一般に**ブルームーンは、カレンダー上でひと月の間に現れる2回目の満月**とされています。月の満ち欠けの周期は約29・5日。すると満月がめぐってくるのは月1回がふつうで、2回はめったにありません。事実ブルームーンは、**約2年半に1回しか起きない珍しい現象**なのです。

また、2月についてはうるう年であっても暦の周期にわずかに及ばないため、ブルームーンを見ることはできません。さらにブルームーンはおろか、満月が1度も見られないことも2月には起こることがあります。

ちなみに1年に2回、ブルームーンが見られる年もあります。次回は２０２９年、その次に見られるのは２０３７年となっていますが、それ以降については予測が難しいため正確にはわかっていません。数十年ごとにあると考えられています。

ひとつの季節に満月が見られるのは通常3回とされていますが、4回見られるときの3回目の満月をブルームーンと呼ぶこともあります。一説によると、こちらのほうが本来の意味だったともいわれています。

なぜブルームーンというのか

1833年、インドネシアのクラカタウ火山が噴火したとき、大気中のチリの影響で月が青く見えた。一説には、これが名前の由来になったとされる。

スーパームーンとは？

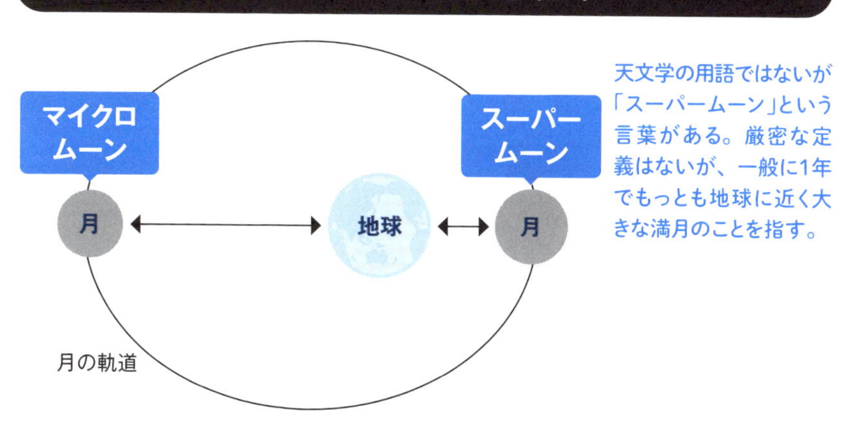

天文学の用語ではないが「スーパームーン」という言葉がある。厳密な定義はないが、一般に1年でもっとも地球に近く大きな満月のことを指す。

月の公転軌道は楕円形をしているため、地球から見える月の大きさは常に変化する。最小の月（マイクロムーン）と比べると、最大の月（スーパームーン）は直径で約14%、面積で約30%大きく見える。

流れ星を見つける確率を上げる方法は？

宇宙のチリが大気に飛び込み光を放つ

ふと夜空を見上げると、星々の間を一筋の光がものすごい速さで通りすぎることがあります。ご存じ流星（流れ星）です。その正体は、宇宙空間にただよっていた小さなチリ。**直径1ミリから数センチほどのチリの粒が高速で大気に突入し、圧縮されて高温になった大気や気化したチリの成分が光を放ちます。私たちが目にしている流星はその光**なのです。

流星のもととなる物質（流星物質）の多くは、彗星が放出したチリです。太陽のまわりを公転する彗星の軌道と地球の軌道とが交差することで、流星や流星群が発生します。両者の軌道が交差する日時は毎年ほぼ決まっているため、毎年どの時期にどんな流星群が現れるかが予想できるのです。

彗星などが放出したチリは流星群となり、同じ方向から地球の大気に飛び込んできますが、**地上から見ると空のある一点を中心に放射状に広がるように出現**します（群流星）。個々の流星群の呼称は、この中心点（放射点）がある星座の名前などからとるのが通例となっています。

放射点の高度が高いほど、より多くの流星を見ることができます。高度が低いと流星物質が大気に対して斜めに飛び込んでくることになり、真上から飛び込んできた場合と比較して、観察できる範囲がせばまってしまうからです。

流星を見るときの注意

放射点の高度が高くなる(頭の真上に近い)時間帯ほど、多くの流星を見つけられる可能性が高い。ニュースなどで流星群のピークを確認するといいだろう。

以下の条件を満たすと流星を見つけやすくなる

①月明かりがない(月のある方向を正面にしない)
②人工の明かりが少ない場所
③空を広く見渡せる場所(高い建物のない郊外など)
④よく晴れた日・空気の澄んだ日

群流星の見分け方

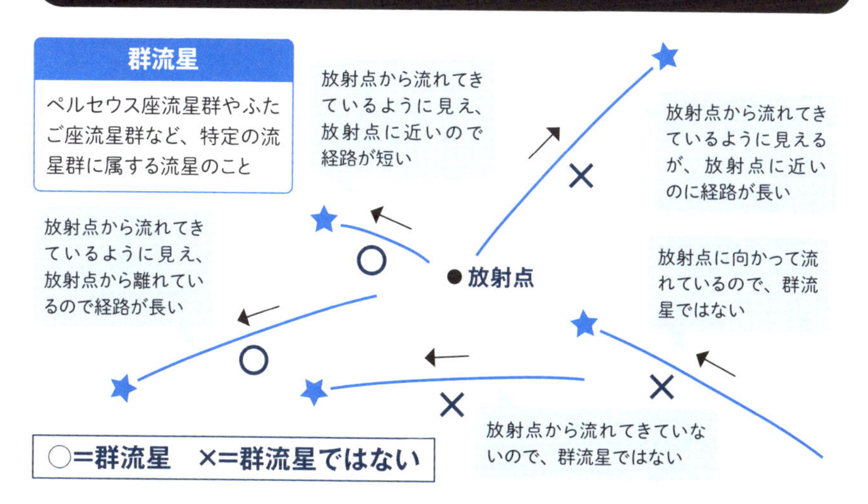

流星が放射点から流れてきているように見えるのが群流星。放射点に近いところに現われた群流星は経路が短く、遠いところでは経路が長く見える。このことから、放射点に近いのにとても経路が長いなら群流星ではない、などと見分けることができる。

金星は星なのに夜中に見ることはできない!?

地球から見ていつも太陽の側にある

「明けの明星」、「宵の明星」という言葉がありますが、その違いはご存じでしょうか。実はどちらも同じ金星のこと。**日の出のころに東の空に輝く金星を「明けの明星」、日没後に西の空に輝く金星を「宵の明星」という**のです。

金星は惑星で、自らは光を発せず、太陽の光を反射して輝きます。ひときわ明るく見えるのは、太陽系の惑星のなかでも地球に近いことに加え、反射率の高い厚い硫酸の雲に覆われているためでもあります。光度（明るさ）が最大になったときは、1等星（26～27ページ参照）の200倍近い明るさで、これは太陽と月に次ぐものです。

金星は地球より内側の、太陽に近いところを公転する「内惑星」です。**地球から見て常に太陽の側にあるため、日の沈んだ真夜中に見ることはできません。一方、昼は昼で太陽光が明るくて見えません。**明け方と日没ごろにだけ姿を現すのはそのためです。

肉眼ではわかりませんが、金星は地球との距離によって大きく見えたり小さく見えたりします。また、月のように満ち欠けがあり、地球から遠ざかるほど満ちた形になり、近づくほど細い三日月のようになります。そしてもっとも近づいたときには、新月のように地球からは見えなくなります。

明けの明星・宵の明星

宵の明星

日が沈んだあとの夕方に、西の空に明るく輝くのが宵の明星。

金星
（宵の明星）

西

明けの明星

日が出る前の明け方に、東の空にひときわ明るく輝くのが明けの明星。

金星
（明けの明星）

東

地球から見た金星の満ち欠け

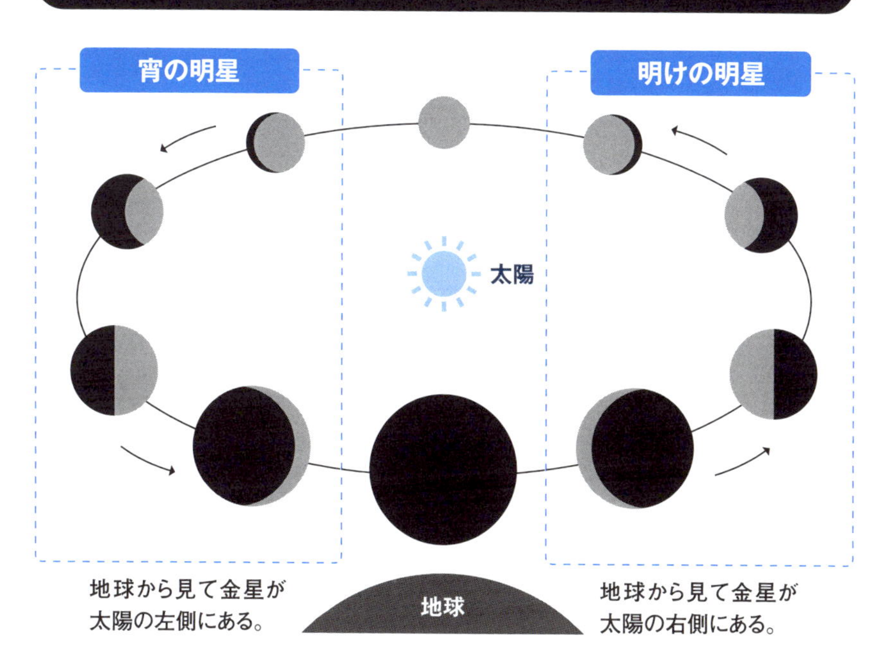

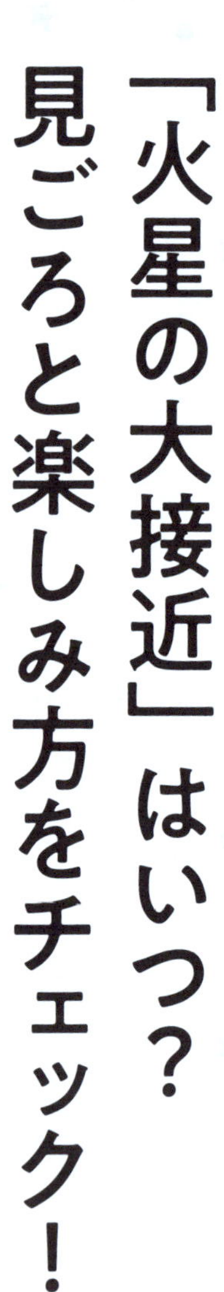

「火星の大接近」はいつ？見ごろと楽しみ方をチェック！

大接近は15年から17年に一度

2018年7月31日、「火星が地球に大接近する」と話題になりました。地球と火星はそれぞれ違う軌道や周期で太陽のまわりを公転しており、両者の位置関係は常に変化しています。その地球と火星の距離がもっとも近くなることを「最接近」といいます。そして**火星が太陽にもっとも近づく位置（火星の近日点）あたりで起こる最接近を「大接近」**、太陽からもっとも遠ざかる位置（火星の遠日点）あたりで起こる最接近を「小接近」と慣例的に呼びならわしています。大接近と小接近とでは、火星の見かけ上の直径（視直径）が倍ほど違います。

地球は365日かけて太陽のまわりを公転しますが、火星は687日かかります。地球のほうが公転スピードは速いため、約2年2カ月ごとに火星に追いつきます。このとき地球と火星が最接近するのです。ただし、火星の最接近は、毎回1年の同じ時期に、同じ位置で起こるわけではありません。年周期ではなく2カ月の端数があるからです。

また、地球に比べ火星の公転軌道が楕円形をしていることから、地球と火星の軌道の間の距離が一定ではなく、最接近の距離も毎回違うのです。**最接近自体は珍しくはないものの、大接近が起きるのは15年から17年ごとです**。ちなみに、次回の大接近は2035年9月11日です。

地球と火星が最接近する時期は？

2035年の大接近時の火星の視直径は、
2025年の最接近時の約1.7倍になる。

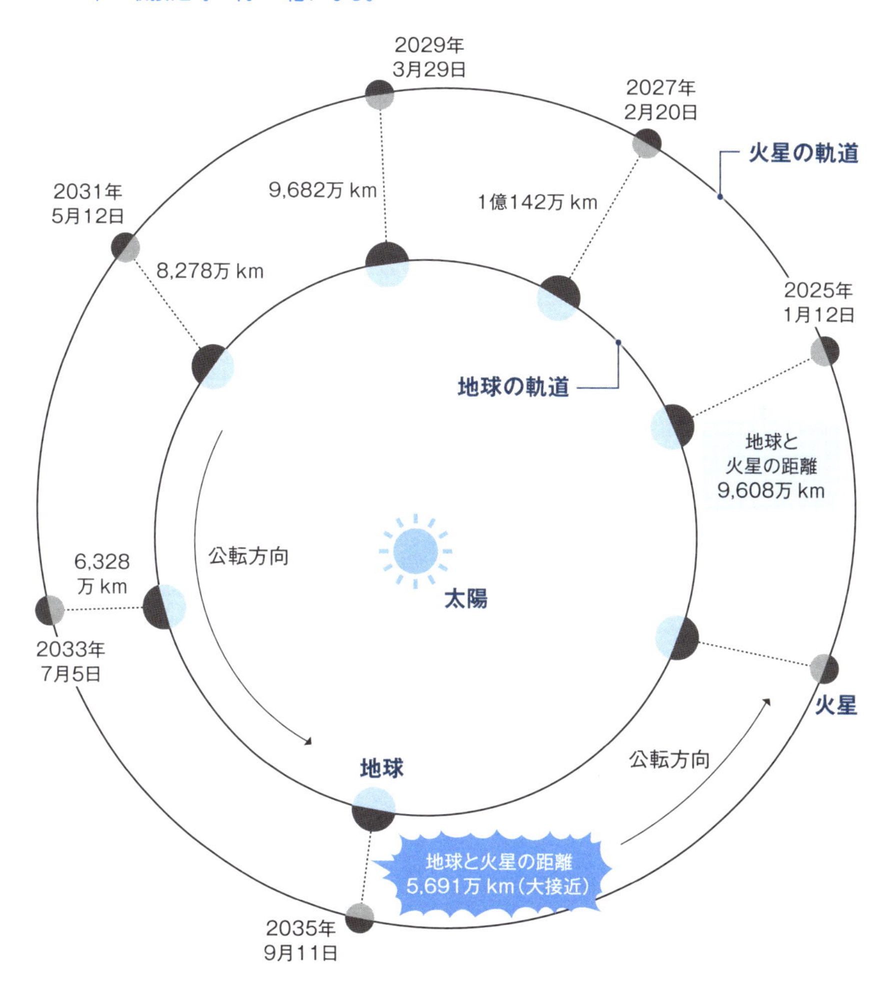

地球と火星が最接近する周期は約2年2カ月（780日）。このサイクルで最接近がくり返されるが、最接近の時期や位置、地球と火星との距離は毎回異なる。

都会の夜空でもくっきり見える1等星の種類を知っておこう

1等星は全天で21個しかない

夜空にまたたく星たちにも、よく見ると明るいものと暗いものがあります。古代ギリシャの天文学者ヒッパルコスは、肉眼で見えるもっとも明るい星を1等星、ぎりぎり見える暗い星を6等星として、星の明るさを6段階に分けました。

星の明るさの単位を「等級」といいますが、等級にはいくつか種類があります。地球から特定の波長で観測したときの見かけ上の明るさを示す「見かけの等級」、人間の肉眼で見た明るさを表す「実視等級」、地球と星との距離を同じ（約32・6光年）とした場合の明るさを比べた「絶対等級」など。「1等星」などの「等星」は、このうちの実視等級で表されます。

たとえば実視等級が0・5以上1・5未満の星が1等星、1・5以上2・5未満の星が2等星です。**等級が1・0変わるごとに明るさは2・5倍変わり、1等星と6等星では明るさの差はおよそ100倍**になります。

ちなみに、1等星より明るい0等星やマイナス1等星も存在しますが、一般的にはこれらも含めて1等星と呼んでいます。

現在、肉眼で見える6等星以上の星は全天で約8600個あるとされています。ただし市街地では3等星ぐらいまで、郊外では4等星ぐらいまでといったように、環境によって観測できる星の数は変化します。

1等星一覧（明るさ順）

	星の名前	星座	等級	見える場所	季節※
1	シリウス	おおいぬ	-1.5	北半球	冬
2	カノープス	りゅうこつ	-0.7	南半球	冬
3	ケンタウルスα	ケンタウルス	-0.1	南半球	春
4	アルクトゥルス	うしかい	0.0	北半球	春
5	ベガ（織女星）	こと	0.0	北半球	夏
6	カペラ	ぎょしゃ	0.1	北半球	冬
7	リゲル	オリオン	0.1	北半球	冬
8	プロキオン	こいぬ	0.4	北半球	冬
9	ベテルギウス	オリオン	0.5	北半球	冬
10	アケルナル	エリダヌス	0.5	南半球	秋
11	ハダル	ケンタウルス	0.6	南半球	春
12	アルタイル（彦星）	わし	0.8	北半球	夏
13	アクルックス	みなみじゅうじ	0.8	南半球	春
14	アルデバラン	おうし	0.9	北半球	冬
15	スピカ	おとめ	1.0	北半球	春
16	アンタレス	さそり	1.0	北半球	夏
17	ポルックス	ふたご	1.1	北半球	冬
18	フォーマルハウト	みなみのうお	1.2	北半球	秋
19	デネブ	はくちょう	1.2	北半球	夏
20	ミモザ	みなみじゅうじ	1.2	南半球	春
21	レグルス	しし	1.4	北半球	春

※日本で見やすい季節

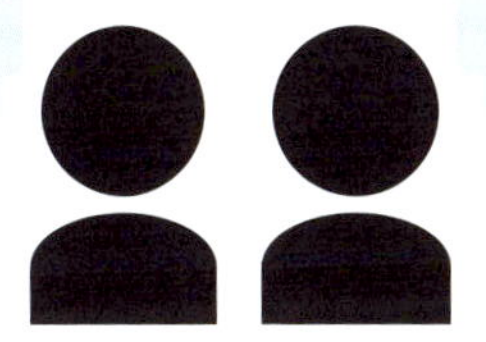

肉眼で見える6等星以上の星は約8600個。１等星は全天に21個あり、そのうち北半球で見えるのは15個。沖縄では、南半球で見られる１等星も観測できる。また、沖縄本島以南では21個すべて見える。

地球から肉眼で見える一番遠い星は？

約２５０万光年の彼方にある銀河

夜空を見上げて同じような明るさに見えても、地球からの距離は個々にまったく異なるのが星たちの世界です。肉眼で確認できる星々のなかで、もっとも遠くにある天体の１つが、ＳＦ作品などで知られる「アンドロメダ銀河」。「Ｍ31」とも呼ばれますが、これは18世紀フランスの天文学者シャルル・メシエの頭文字Ｍと、彼が作成した星雲・星団のリスト、「メシエ・カタログ」の通し番号に由来します。

アンドロメダ銀河は、私たちの太陽系を含む「天の川銀河」の外側、地球から約２５０万光年の距離にあります。その大きさは、天の川銀河の直径約10万光年に対し、およそ倍である約20万光年。恒星の数は、天の川銀河の約２０００億個に対し、アンドロメダ銀河は１兆個ともいわれます。イメージしにくいですが、**光の速さで２５０万年かかる場所にあるものが肉眼で見えるのですから、相当なスケールだとわかります**。

銀河は、膨大な数の恒星やガス、チリなどの巨大な集団ですが、形状によっていくつかの種類があります。アンドロメダ銀河はそのうちの「渦巻銀河」。中心を囲むように円盤（ディスク）状の渦巻きを持つのが特徴ですが、双眼鏡や望遠鏡を使ってもぼんやりとした姿しか捉えることができません。

アンドロメダ銀河の特徴

大きさ

直径約20万光年

恒星

恒星(太陽などの自ら光を発する星)の数は1兆個ほど

地球からの距離

地球のある天の川銀河の隣にあるが、地球とは約250万光年離れている

形状

中心を取りまくように円盤(ディスク)状に渦を巻いている

未来予想

アンドロメダ銀河と天の川銀河は接近を続けていて、約40億年後に衝突して巨大な銀河を形成すると予想されている

アンドロメダ銀河の見つけ方

秋の夜、20時ごろに南の空を見上げると、大きな四辺形が見つかる。ペガスス座に属する3つの星とアンドロメダ座のアルフェラッツから成る「秋の四辺形」だ。これを頼りにアンドロメダ座を見つけたら、その腰のあたりにあるのがアンドロメダ銀河。

秋の四辺形

アンドロメダ銀河(M31)

アルフェラッツ

アンドロメダ座

双眼鏡を使わず、肉眼でも条件がよければ見ることができる。ただし、はっきりとした渦巻きを見たい場合は天体写真を撮る必要がある。

一番星ってどれのこと？

宵の明星（金星）とはかぎらない

幼いころに口ずさんだ童謡の『一番星みつけた』。あるいは小学校の教材になっている、まど・みちおの詩『いちばんぼし』。これら童謡や詩にうたわれる「一番星」ですが、ひとつの決まった星を指すわけではなく、**天文学においても明確な定義があるわけでもありません。一般的には、「その日の夕刻、見上げた空に最初に輝きだす星」が一番星と呼ばれています**。とはいえそれが日没から間もない時間帯であれば、あなたが見つけた一番星は、かなりの確率で金星でしょう。

明け方に東の空に輝く金星を「明けの明星」、日没後に西の空に輝く金星を「宵の明星」といいます（22～23ページ参照）。一番星は、最初に目にとまった夜空の星。**宵の明星（金星）はまだ空に明るさが残っているうちに姿を現すため、多くの場合、一番星になりやすい**のです。

もちろん金星以外が一番星となることもあります。金星が見えない時期には、同じ太陽系の惑星である木星や火星、それから冬に見えやすいシリウスなどの1等星が、その日の一番星になる可能性が高いことでしょう。季節や時間帯によって星の配置は変わりますし、見える星も違います。家路を急ぐその足を少しだけ止めて、そのときどきの一番星を探してみてはいかがでしょうか。

人によって違う一番星？

「一番星」は天文用語ではなく俗語で、季節や時間帯によっても変わってくる。夕空に最初に見えはじめた星が、その日のその人にとっての一番星といえるだろう。

一番星の有力候補シリウスの見つけ方

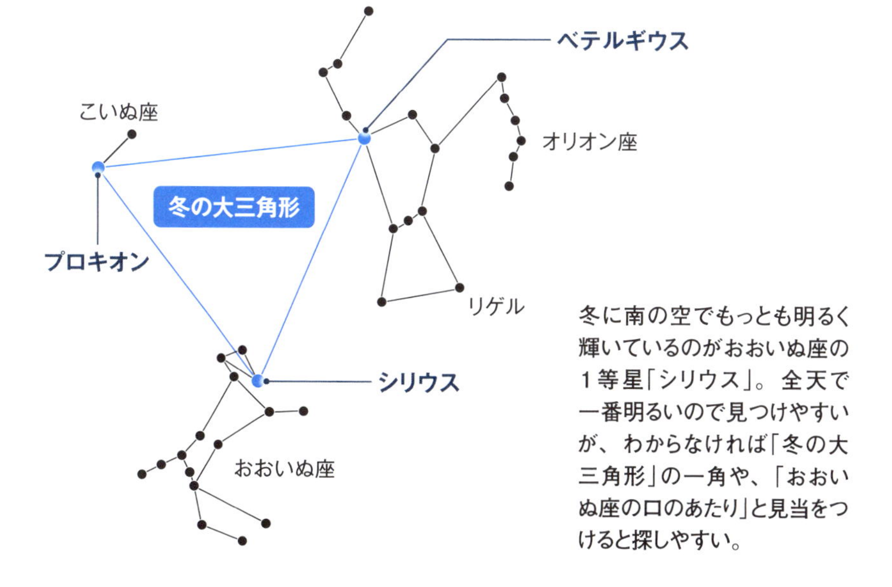

冬に南の空でもっとも明るく輝いているのがおおいぬ座の1等星「シリウス」。全天で一番明るいので見つけやすいが、わからなければ「冬の大三角形」の一角や、「おおいぬ座の口のあたり」と見当をつけると探しやすい。

星のなかで唯一、北極星だけ動かないのはなぜ？

地軸の延長線上にある

夜空に輝く星々のなかで、実は**一年を通して常に真北の空に輝いている星があります。それが「北極星」です**。ほかの星が時間の経過とともに移動するなか、**北極星はずっと同じ位置にとどまっています**。そのため、昔から方角を知るときの目印とされてきました。

地球は北極と南極を結ぶ回転軸（地軸）を中心に回転運動（自転）をしています。そうして自転を続ける地球からは、天体が常に東から西へと移動しているように見えます。この現象を「日周運動」といいます。では、ほかの星々が日周運動をするなか、北極星だけ動かないのはなぜでしょう。それは**北極星が地球の地軸の延長線上にある**からです。日周運動をしてはいるものの、その動きがわずかなため動いていないように見えるのです。

ところで、北極星が〝代替わり〟することはご存じでしょうか。北極星とは、「天の北極」（地球の自転軸を北の方角に伸ばしたときに天球と交わる点）にもっとも近い輝く恒星を指します。現在の北極星は「ポラリス」という恒星で、西暦500年ごろに先代の「コカブ」からその座を受けつぎました。ポラリスは西暦2100年ごろに天の北極にもっとも近づくと考えられていますが、**西暦4000年ごろには「エライ」が次代の北極星になるといわれています**。

北極星の見つけ方

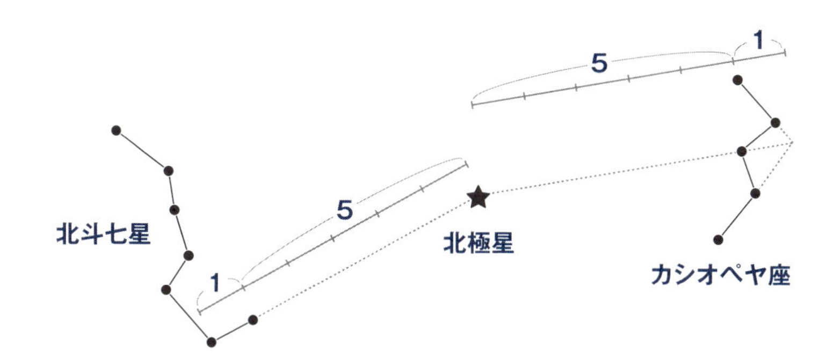

北斗七星から探す

まず、北の空にひしゃくの形をした北斗七星を見つける。それからひしゃくの先にある2つの星の距離を測り、そのまま線を5倍の場所まで延ばした先にあるのが北極星。

カシオペヤ座から探す

カシオペヤ座が形づくるWの両端の辺を延長した交点と、Wの中央にある星との距離を測り、その線を5倍にした場所まで延ばした地点からも見つけることができる。

観測地点で北極星の高度は変わる

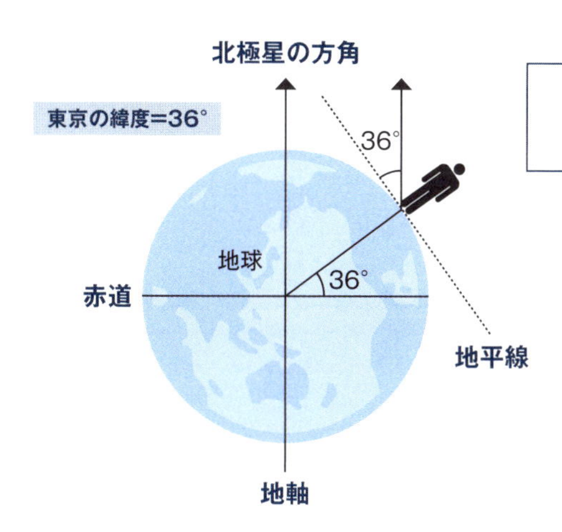

北緯の度数＝北極星の高度

北極星は北半球でしか見えない。さらに見る場所（北緯）によって北極星の高度は異なり、北極（北緯90°）では自分の真上（高度90°）に、赤道上（緯度0°）では真横（高度0°）に見える。北緯36°に位置する東京では地平線から36°の高さに北極星が見える。

オレンジや青など星の色が違うのはなぜ？

表面温度が星の色に反映される

何気なく眺めていると気づかないものですが、夜空の星にもそれぞれ色があります。それも白や黄色といったいかにも星らしい色だけでなく、赤い星や青白い星などさまざま。たとえばこと座のベガ（織女星）は白い星ですが、オリオン座のベテルギウスは赤、おうし座のアルデバランはオレンジ色をしています。一方、青白く輝くのがおとめ座のスピカなどです。

このような色の違いは何によって決まるのでしょう。**恒星の場合は、表面温度が見かけの色に関わっています。具体的には温度が低いほど波長の長い赤が強くなり、反対に温度が高いほど波長の短い青が強くなります**。

また、温度の高い青っぽい星の多くが質量の大きい若い星、赤い星の多くが質量の小さい星か老年期を迎えた星とされています。つまり大きくて若い星ほど核融合反応も活発で、それが表面温度の高さに表れているのです。

恒星はこのように自ら光っていますが、**惑星は太陽の光を反射することで光を放っています。そしてその色は、それぞれの星の表面や大気の状況によって異なります**。火星の赤は土の色ですし、金星が黄色っぽく見えるのは、大気を覆う二酸化炭素の層などが太陽光を反射するせいです。海王星は大気中のメタンが主に赤い色を吸収するため、青く見えます。

恒星の色は表面温度で変わる

夜空に輝く星のほとんどを占める恒星は、それぞれに異なる色を放っている。その色の違いは表面温度で決まり、温度が低いと赤っぽく、高いと青(白)っぽく見える。

惑星の色は表面や大気の状態で変わる

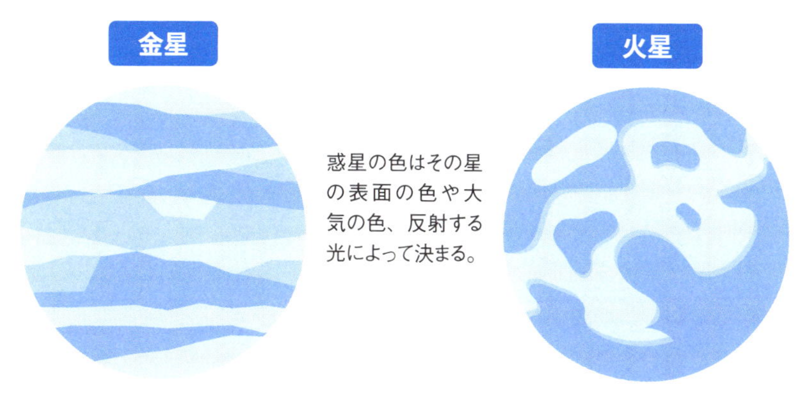

厚い二酸化炭素の層と濃硫酸の雲が大気中に広がり、太陽光を反射しているため黄色く輝いて見える。

火星はほかの星より赤い。これは表面の土や砂に含まれる鉄が酸化したため。つまり赤さびの色。

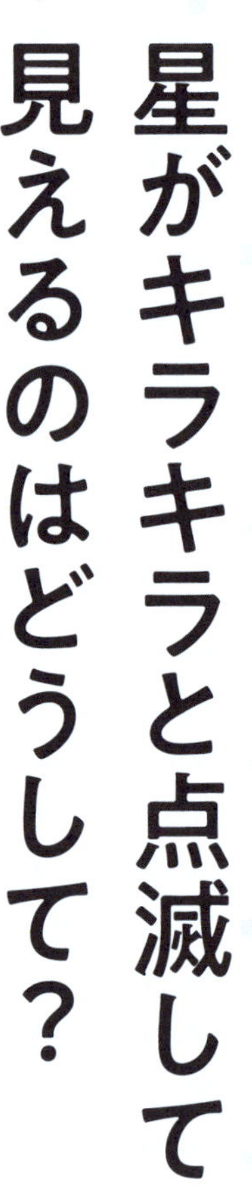

星がキラキラと点滅して見えるのはどうして？

大気の乱れが星をまたたかせている

世界各国で愛唱されている『きらきら星』にあるように、星は常にキラキラと点滅（明滅）しているように見えます。ただし、これは星自身が光の強さを変えてまたたいているわけではありません。地球上から見たときにだけ起きる現象で、いわば大気のいたずらです。

光は何もなければどこまでも直進します。ところが密度の異なる物質を通るとき、その境界で曲がる性質があります。屈折です。星の光は地上に届くまでに大気の層を通り抜けますが、大気の密度は、温度・湿度・気圧の違いや風などで常に変化しています。この**大気の密度の違うところを光が通過するごとに光の屈折が起こり、星がまたたいて見える**というわけです。お湯が沸いているヤカンの上がゆらゆらと揺れて見えるのと似た現象です。

逆に大気が安定していると、ゆらぎが小さくなって星のまたたきは弱くなります。地表付近に高湿度の重い空気が、上空に低湿度の軽い空気があると大気は安定します。そのため天文台を設置するときには、空気の乾燥した山の上などにつくられることが多いのです。

金星などの惑星がまたたかないのは、地球に比較的近いため。恒星の光が「点」として届くのに対して、惑星の光は近い距離から「面」で届き、光の屈折の影響を受けにくいからです。

星がキラキラまたたくメカニズム

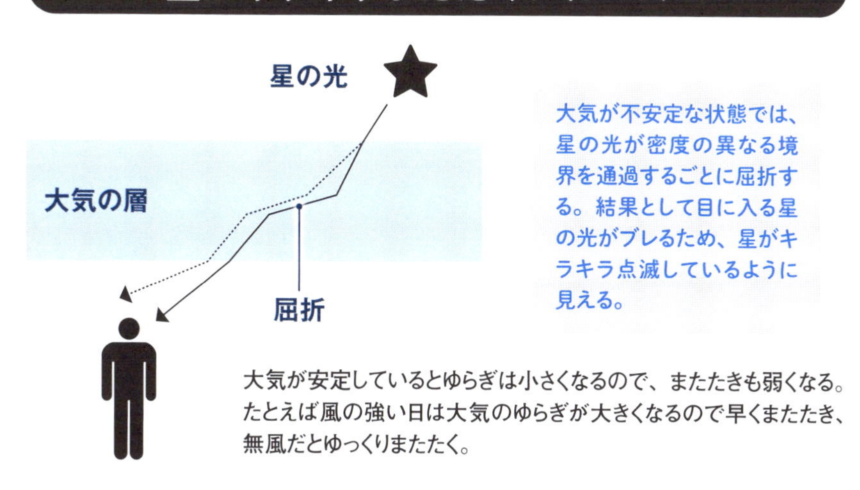

大気が安定しているとゆらぎは小さくなるので、またたきも弱くなる。たとえば風の強い日は大気のゆらぎが大きくなるので早くまたたき、無風だとゆっくりまたたく。

天体観測に向いている場所

天文台が山の上に設置されるのは、街の明かりの影響を受けにくいこともあるが、大気が安定しているという理由も大きい。

ハッブル宇宙望遠鏡は地上600km上空の周回軌道を回っている。そのため大気の影響を受けず、高精度の天体画像の撮影が可能。

同じ星座の星は実際にはどれくらい離れた位置にある？

地球からの距離はバラバラ

夜空の星たちは、明るさや大きさの差こそあれ、どれも地球からは変わらない距離にあるように見えます。もちろんそれは錯覚。**どの星をとっても、それぞれ地球から異なる距離に存在します。それはひとつの星座を構成する星たちの場合でも同様**です。

天文学の世界で使われる「光年」という単位があります。「年」とありますが、これは「時間」の単位ではなく「距離」の単位。星同士の距離を示すときにも、この光年を使って表現します。

有名な冬の星座オリオン座を構成する星に、赤い星「ベテルギウス」と青白い星「リゲル」があります。どちらも明るく輝く1等星ですが、地球からの距離は、ベテルギウスが約５００光年、リゲルが約８６０光年と、約３６０光年もの開きがあります。

1光年は、光の速さで1年かかるということ。そういわれても、すぐにはピンとこないかもしれません。では、**1光年が約9兆5000億km**と聞いたらどうでしょう。**想像を絶する差があることがわかるはずです。**

オリオン座と同じ冬の星座に、「ふたご座」があります。この星座を象徴する2つの星が、兄の星「カストル」と弟の星「ポルックス」です。地球からの距離は、51光年と34光年で、〝ふたご〟といえど15光年もの差があります。

地球からの距離はこんなに違う

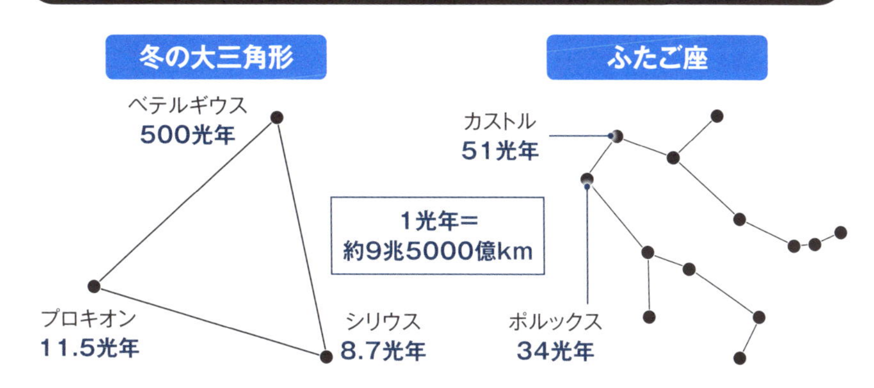

星座とはまた別の、特徴的な星の並びを「アステリズム」と呼びます。そのひとつである「冬の大三角形」を構成する3つの星も、地球までの距離はそれぞれ異なる。

「ふたご座」という名前から、すぐ近くにあるようなイメージがわくが、実際にはかなりの距離がある。

過去の光を届ける星たち

星の光が地球に届くまで果てしない時間がかかる。地球から見えるシリウスの姿はおよそ8～9年前のものだが、アンドロメダに至っては250万年も前のものだ。

シリウス
8.7光年
北極星（ポラリス）
400光年
アンドロメダ銀河
250万光年
地球

地球から見てもっとも明るい恒星「シリウス」、夜空の目印となる北極星「ポラリス」、肉眼で見えるもっとも遠い天体の「アンドロメダ銀河」。それぞれの地球からの距離はまったく違う。

星にも寿命がある！星がなくなったら星座はどうなる？

星座は図形ではなく領域を指している

太陽は黄色く輝く質量の小さい恒星で、年齢にたとえると現在45億歳くらいです。そして約50億年後に死を迎えると考えられています。

恒星は水素の核融合によって自ら輝いていますが、質量が大きいと核融合反応がより速く進み、数億年で寿命を迎えることもあります。恒星は老年期になると燃料となる水素が不足してバランスがくずれ、次第に膨張して巨大化し、温度が下がって赤くなります（赤色巨星）。その後はゆっくり冷えて、穏やかに最期を迎えます。

これが、太陽よりずっと重い恒星であれば最後は大爆発（「超新星爆発」）を起こします。

ところで、星が寿命を迎えて夜空から消えてしまったら、その星が所属する「星座」はどうなってしまうのでしょう。星座の成り立ちを考えると、その答えが出てきます。**実は現在ある88の星座は、1922年に国際天文学連合（IAU）が名前と境界を定めたもの**で、特定の星の集まりではなく、天球上の「住所」のようなもの。つまり**ある星座に属する星が消え、星を結ぶ線が成り立たなくなっても、その星座の領域は変わらない**ので星座もなくならないのです。

そもそも星の寿命は、人の寿命と比べものにならないくらい長いものです。数千年後でも88星座は今とほとんど変わらない姿で夜空にまたたいていることでしょう。

質量の大きさによって異なる恒星の一生

恒星は、その重さによってさまざまな一生をたどる。代表的なケースを見てみよう。

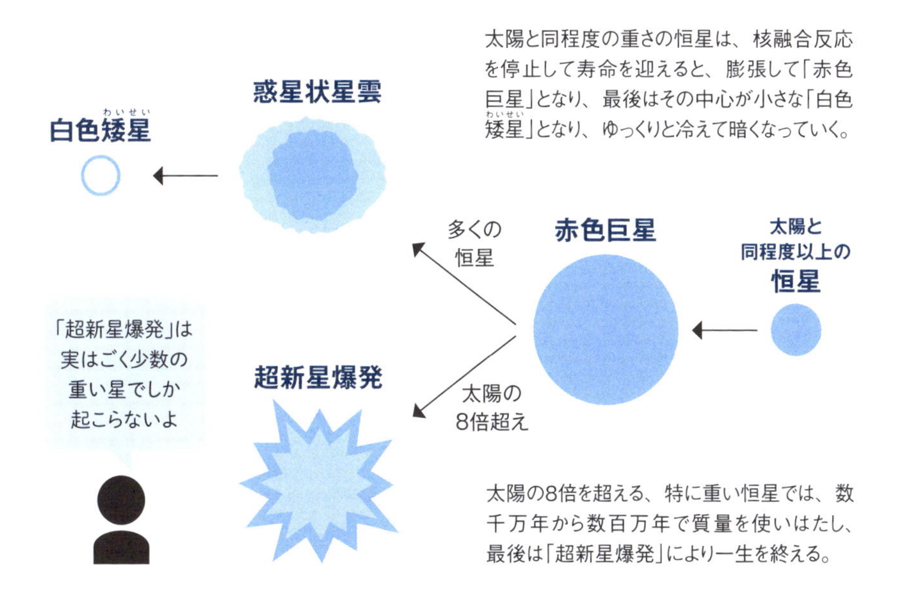

個々の星が消えても星座に影響はない

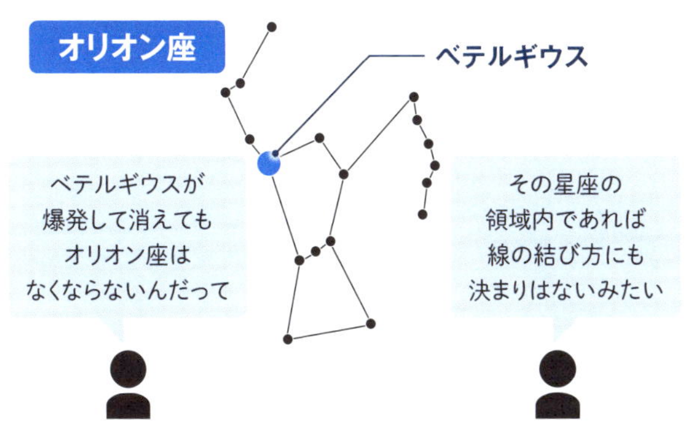

オリオン座のベテルギウスは赤色超巨星（光度やサイズが巨大な赤色巨星）で、約10万年後に超新星爆発を起こして消滅するとされる。そのときが来ても星座の領域が今のままならオリオン座はなくならない。

地上から目視可能！人工衛星を見つけてみよう

宵の空をしばらく眺めていると……

人工衛星は私たちの生活には欠かせないものです。遠隔地や山間部など障害物の多い地域と通信できるのも、衛星放送を視聴できるのも、1週間先の天気予報がわかるのも、人工衛星のおかげ。位置情報を参照する際のGPS信号も専用の人工衛星から送信されています。

人工衛星はその名の通り、地球のまわりを衛星のように周回する人工天体です。では、人工衛星が周回する様子を肉眼で見ることはできるのでしょうか。実は地球のまわりには数多くの人工衛星が行き交っており、その一部は肉眼で観測することができます。

たとえば**明け方と日没後の薄暗い時間帯、ゆっくりと移動していく光を見つけたとしたら、それが人工衛星の可能性はある**でしょう。人工衛星は星（恒星）のように自ら光っているわけではないので、金星のように（22～23ページ参照）、**太陽の光は当たるけれども、地上はまだ薄暗い時間帯に見つけやすい**のです。したがって、太陽がすっかり地球の裏側に入る真夜中だと見つけることが難しくなります。

人工衛星と間違いやすいものとして、飛行機が挙げられます。一定の明るさを放つ人工衛星の光と違い、飛行機の光は点滅していたり、赤や青の色つきのランプを灯していたりしますので、注目してみましょう。

主な人工衛星の種類

気象衛星

広域の気象観測のための専用機材を載せた人工衛星。台風の観測も行っている。

通信・放送衛星

通信全般を目的とした人工衛星。BSは放送衛星を用いたもので、CSは通信衛星を用いたもの。

測位衛星

GPSなどの位置情報を計測するための信号を送っている人工衛星。

軍事衛星・偵察衛星

宇宙から地上にある敵基地の状況や軍事開発の様子を監視・撮影するための人工衛星。

人工衛星は用途によって大きく分類することができる。「気象衛星」を含む、地球上の物や状況を測定する衛星を、広義の表現として「地球観測衛星」とも呼ぶ。

国際宇宙ステーションを見つけよう

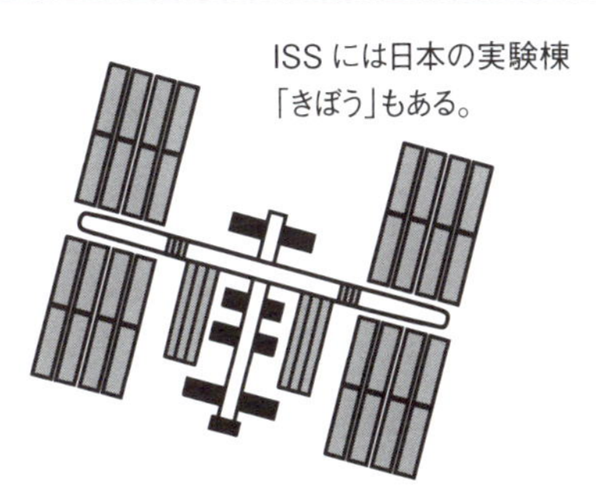

ISSには日本の実験棟「きぼう」もある。

“人工衛星の大物”ともいえる「国際宇宙ステーション（ISS）」。地上から約400km上空と、人工衛星のなかでも低い高さで周回しており、条件がいいと太陽光を反射して1等星をしのぐ明るさで見えるので、市街地でも観測することができる。

写真に撮ると光の線のように写る。観測や撮影を希望する方のために、JAXAが支援する「#きぼうを見よう」というサイトにISS観測のための情報が掲載されている。

星の動きはどうやって記録する？

夜空に輝く星の軌跡を1枚の写真に

時間の経過につれて空の星の位置は刻々と変わっていきます。自転する地球から眺めているため、星が動いているように見えるからです。星たちは地軸を中心に24時間かけて1周します（日周運動／32～33ページ参照）。このような**星の運動の軌跡を1枚に収めた写真が「スタートレイル写真」**です。24時間で３６０度ですから、星は1時間あたり15度、２時間だと30度移動することになります。その様子が夜空を横切る線の姿で記録されるのです。

スタートレイル写真の撮影法には、大きく「長時間露光」と「比較明合成」の２種類があります。長時間露光は長時間（30分以上）シャッターを開けっぱなしにすることで光を多く取り込み、星の軌跡を1枚の写真に収める方法。比較明合成は短い露光時間で連続撮影した写真を、編集により明るい部分だけをつなぎ合わせる方法です。

いずれもメリットとデメリットがありますが、**暗い場所で星や雲の動きを撮影するときは長時間露光、市街地など明るい場所で星空を撮影するときは比較明合成が適しています**。

夜間はオートフォーカス機能が使えないため、星の動きを撮影するときはカメラをマニュアルモードで使います。事前にマニュアル設定で星にフォーカスする練習をしておきましょう。

星の動きを写真に収めよう

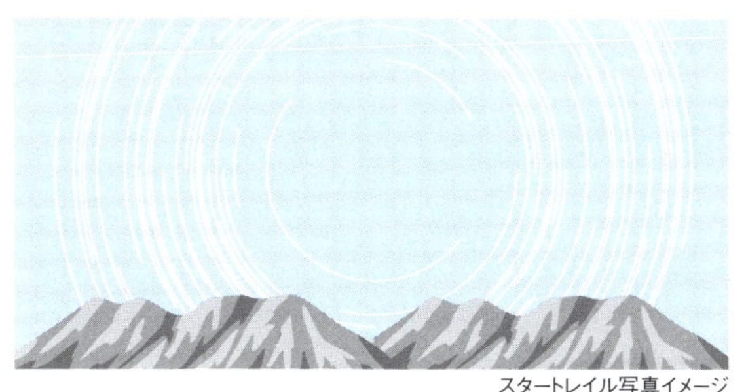
スタートレイル写真イメージ

星がぐるぐると動く軌跡を
1枚の写真に収めることが
できるんだ

星空を写した風景写真を撮るには、見たままの星空のように星を「点で撮る」方法と、時間の経過にともなう星の変化の「軌跡で撮る」方法と大きく分けて2つある。本項で紹介した後者の写真を「スタートレイル写真」といい、これにも2つの撮影方法がある。

スタートレイル写真を撮るには

長時間露光と比較明合成の比較

	長時間露光	比較明合成
概要	長時間シャッターを開けっぱなしにして光を多く取り込む撮影方法	短い露出時間で連続して写真を撮り、明るい部分だけを合成して重ねていく方法
メリット	・星の軌跡を撮影できる ・データ量が少ない ・編集が簡単	・市街地でも星の軌跡が撮影できる ・タイムラプス動画※にできる
デメリット	・手ブレを起こしやすい ・ノイズが出やすい	・星がはっきりと写りすぎてしまう ・編集の手間がある

※タイムラプス動画＝一定間隔で撮影した静止画を、時間の流れに合わせてつなぎ合わせて動画にしたもの

スタートレイル撮影の必需品

レリーズ
離れた位置からカメラのシャッターを切るための道具。

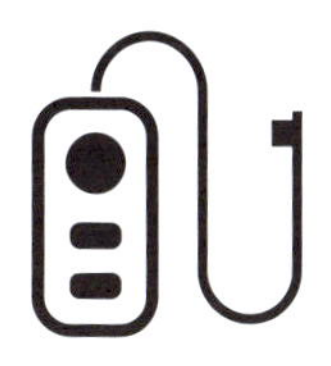

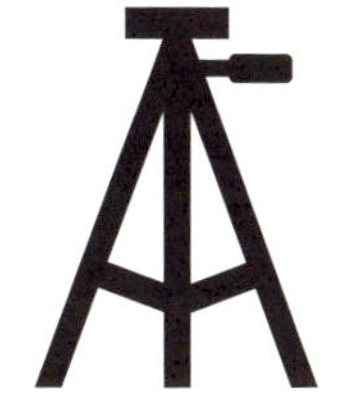

三脚
カメラを三点で支えて安定させ、手ブレなどを防ぐための道具。

夜空を見上げてみよう！天体観測には何が必要？

天体観測をしたいけど、何から準備すればいいのか迷ってしまうという人は多いのではないでしょうか。ここでは、初めての人でも安心して楽しめる天体観測のやり方を紹介していきます。

まずは、計画を立てることからはじめましょう。観測したいものを決めて、それが見られる日時と場所を選びます。月が見たい場合は、満ち欠けのタイミングをもとに観測日を設定します。一方、星が見たい場合は、月が満ちているとその明るさでかき消されてしまうため、新月のころにするのが得策です。場所は、周囲に灯りが少なく、またトイレなどの設備が整っていると安心。キャンプ場なら条件や設備がほぼ揃っているので、選んで間違いはありません。

持ち物は、懐中電灯、方位磁石、望遠鏡・双眼鏡、星座早見表、レジャーシート、飲み物などを用意していればとりあえず大丈夫です。加えて、夏場は虫除けスプレー、冬場は防寒グッズがあるとより快適に過ごせます。

実際に観測地に着いてからは、目を暗闇に慣らすことが大切です。光が目に入ると星が見えにくくなるため、光を放つものは極力使わず、少なくとも5～10分は目を閉じるか、明るい光を見ないようにして観測に備えておきましょう。

大人も答えられない宇宙の不思議とギモン

隕石が地球に衝突する可能性や、太陽系で一番自転が早い惑星はどれか、宇宙に関する驚きの謎を最新の知識を交えて探ります。

太陽の色は白？ オレンジ？見る時間帯で変わるワケ

地球の大気で太陽の見え方が変わる

太陽のイラストを見ると、赤やオレンジで彩色されていることが多いようです。ただ、実際の太陽を観察してみると、昼間の太陽の色は白や黄色に近く、赤くなるのは夕方になってからだとわかります。なぜ、時間帯によって太陽の色は違って見えるのでしょうか？

人間の目では1色に見える太陽光ですが、実際はそんなことはありません。**たくさんの異なる色の光が混じり合い、白にわずかに黄色がかったクリーム色に見えています**。

この白に近いクリーム色の太陽光が夕方になると赤く見えるのは、地球を大気が取り囲んでいるためです。

大気中には、目に見えない小さいチリや水蒸気の粒がたくさん存在します。太陽光がこれらにぶつかると、光のなかでも散乱しやすい性質を持つ青い光は散らばってしまい、大気の層を通り抜けにくくなるのです。

そのため、太陽が西の空に傾いて地平線に近づく**夕方の時間帯は、太陽光が大気を通り抜ける距離が長くなるので、青い光は途中で散乱しきってしまいます**。青い光に比べると、赤い光は散乱されにくく、空気を通り抜けやすい性質を持っています。そのため人間の目には赤い光が青い光よりも強調されて見え、夕日が赤く見えるのです。

大気を通過する太陽の光

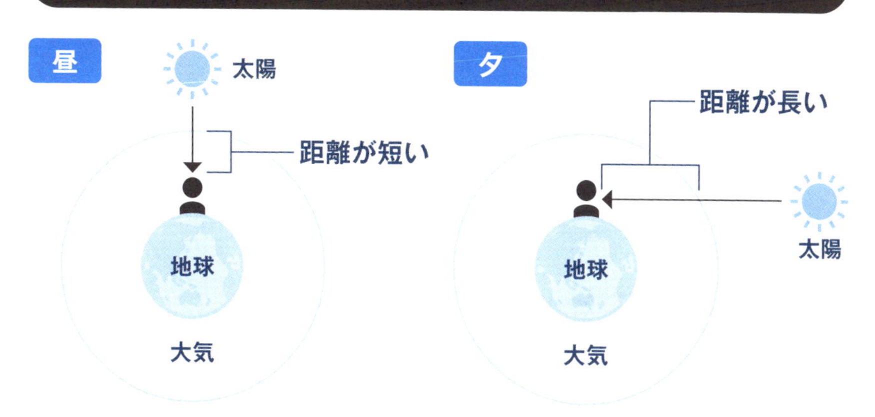

大気中のチリなどにぶつかると、太陽光のうち青い光が散乱する。夕方になり日が傾くと太陽光が大気を通る距離が長くなるので、青い光の多くが散乱し、残った赤い光が強く見える。そのため夕日は赤く見えるのだ。

太陽が黄色っぽく見えるワケ

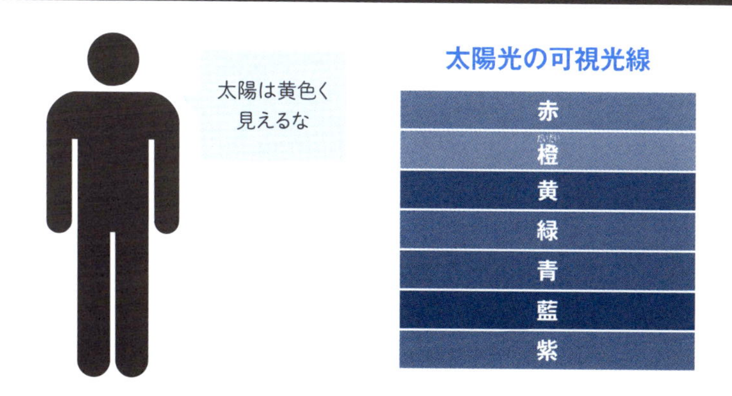

太陽光を構成する可視光線のなかで、一番よく放出されているのは緑色の光。ところが地球の大気の影響で青い光の一部が散乱して失われるため、残った光がわずかに黄色っぽく見える。人間の目も黄色の光に対する感度がもっともよいといわれている。

リキュウ、ホクサイ……水星には日本人の名前がある

芸術家がクレーターの地名の由来

惑星や月の場合、その一部に地名がつけられていることがあります。たとえば、月のクレーターにはアポロやコペルニクスといった名前がつけられています。

地名は人名にちなむことが多いのですが、**水星には芸術家の名前にちなんだ名前がつけられたクレーターが存在しています。**水星の英語名はマーキュリーで、ローマ神話の芸術の神の名前に由来しています。そのため、クレーターには芸術家の名前がつけられるのです。

水星にはたくさんのクレーターがありますが、そのなかで名前をつけられているものは429個。そのうち、**31個は日本人由来の名前がついています。**

日本人の名前がもとになっている主なものは、以下の通りです。「アクタガワ（作家の芥川龍之介）」、「バショウ（俳人の松尾芭蕉）」、「ホクサイ（浮世絵師の葛飾北斎）」、「ムラサキ（作家の紫式部）」、「リキュウ（茶人の千利休）」、「ソウセキ（作家の夏目漱石）」。

日本人以外ですと、「ディズニー（映画製作者のウォルト・ディズニー）」、「バッハ（作曲家のヨハン・ゼバスティアン・バッハ）」、「ドストエフスキー（作家のフョードル・ミハイロヴィチ・ドストエフスキー）」などといった名前がつけられています。

水星には日本人がたくさん!?

水星のクレーターの名前は、世界各国の芸術家の人名がもとになっている。紫式部や葛飾北斎、夏目漱石など、日本人の名前も多い。

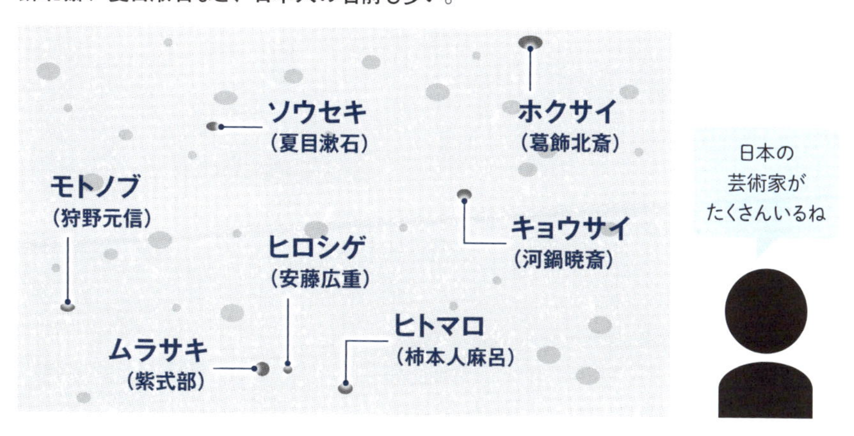

水星がクレーターだらけなのはなぜ？

水星のクレーターは無数の天体が衝突してできたものだが、水星は大気が薄いので大気による風化の作用がほとんど働かず、多くのクレーターが消えずに残っている。

100個以上に？増え続ける木星の衛星

個性豊かな衛星が存在している

惑星のまわりを回っている天体を衛星と呼びます。太陽系の惑星のうち、水星と金星には衛星がありませんが、それ以外の惑星には衛星があります。地球の衛星は月１つだけですが、複数の衛星を持つ惑星もあります。特に木星は衛星が多いことで有名です。

木星の衛星の数は95個。その衛星の中には、**太陽系で最大の衛星である「ガニメデ」**、**表面を氷で覆われた「エウロパ」**、**火山活動が活発な「イオ」**などがあります。

エウロパには塩分を含む水が存在しており、生命にとっていい環境なので、「氷の下に何らかの生命体が存在すると推測できる」と考えている研究者もいます。

ちなみに、ガニメデ、エウロパ、イオ、そしてカリストは、１６１０年にガリレオ・ガリレイが発見したもので、４つまとめて「ガリレオ衛星」とも呼ばれています。

先ほど木星の衛星の数は95と述べましたが、これは２０２５年時点で報告された木星の衛星の総数。ですから、今後さらに**新たな衛星が発見されると、この数は増えていきます**。宇宙を観測している研究者は世界中にいて、日々熱心に天体を望遠鏡で見ています。彼らの活躍で、木星の衛星の数は今後も増えていくかもしれません。

木星の衛星は増え続けている

世界中の研究者が観測することで、木星の新しい衛星が発見されている。研究者の努力で木星の衛星の数は増え続けているのだ。

「エウロパ」には生命体が存在する!?

氷に覆われたエウロパの地下には、適度に加熱された塩分を含む水があり、生命体の存在が可能と考えられている。

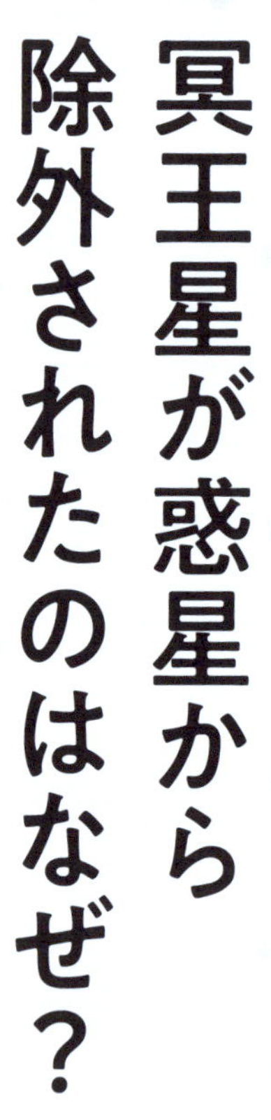

冥王星が惑星から除外されたのはなぜ？

水金地火木土天海冥は間違い

太陽系のすべての惑星を暗記するため、「水金地火木土天海冥」というフレーズを口にしていた人も多いと思います。つまり、水星、金星、地球、火星、木星、土星、天王星、海王星、冥王星が太陽系の惑星でした。

しかし現在、学校のテストで「太陽系の惑星をすべて挙げなさい」という問題に「冥王星」と答えてしまうと、その解答は間違いという扱いになります。２００６年にチェコのプラハで開かれた**国際天文学連合（ＩＡＵ）総会で、冥王星は「準惑星」に分類されてしまった**のです。

冥王星の扱いに対する議論のきっかけは、「エリス」と呼ばれる天体の発見でした。冥王星よりも大きなこの天体は、惑星ではなく、準惑星に分類されました。

実は、それまで惑星の明確な定義はなく、この総会で条件が定められました。①「太陽のまわりを回る」、②「自分の重力でほぼ球形になっている」、③「軌道の近くに衛星以外の天体はない」、④「衛星ではない」という4つの条件を満たす天体が惑星だと定められました。ところが、冥王星は、この定義に該当しませんでした。

なぜなら、**「太陽系外縁天体」と呼ばれる無数の小天体群が、冥王星の軌道と重なっている**ために、冥王星は③条件を満たさず、準惑星とされたのです。

冥王星は月よりも小さい

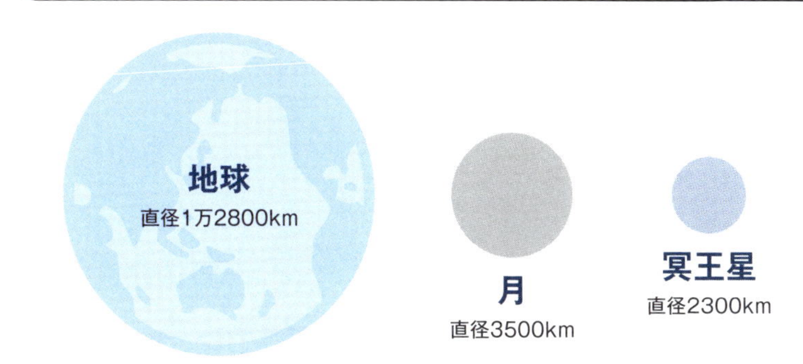

太陽から見たとき、冥王星は通常は海王星よりも遠い地点に位置する。発見当時は地球と同じくらいの大きさと推測されていたが、現在は月より小さいことがわかっている。

冥王星が準惑星になった理由

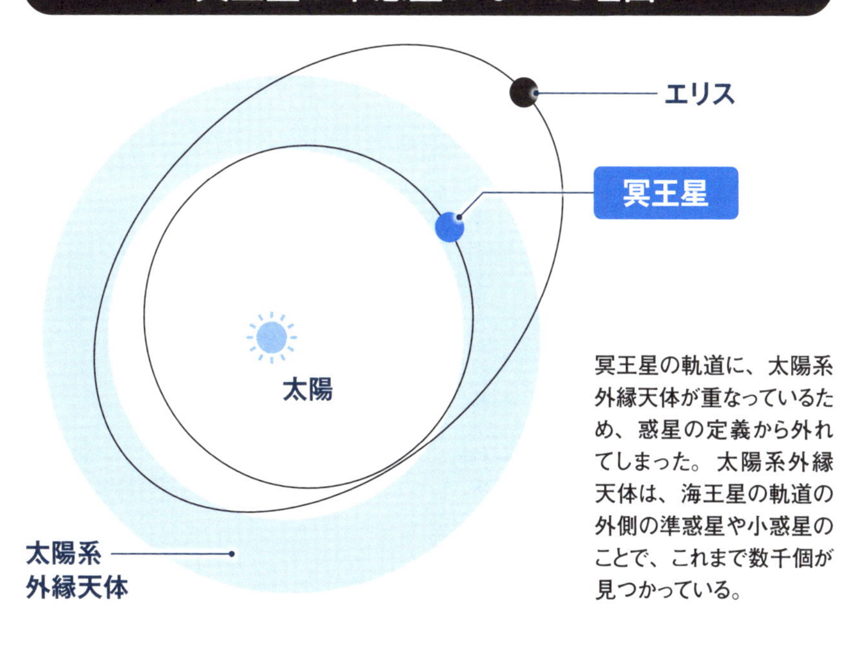

冥王星の軌道に、太陽系外縁天体が重なっているため、惑星の定義から外れてしまった。太陽系外縁天体は、海王星の軌道の外側の準惑星や小惑星のことで、これまで数千個が見つかっている。

惑星になれなかった小惑星たち

火星と木星の間に存在する小惑星群

18世紀のドイツの天文学者ヨハン・ダニエル・ティティウスは、惑星に関するある法則を発見しました。当時は水星から土星までの惑星の存在が知られていましたが、これらの6つの惑星の太陽からの距離に一定の法則があると気づいたのです。

実はこの法則に従うと、**火星と木星の間にも惑星が存在するはずでした**。そこで、新惑星の探索がはじまります。

最初に見つかったのは、1801年に発見されたセレス（ケレスとも表記されます）という天体でした。次にパラスが見つかります。しかしセレスとパラスは月よりも小さかったので、ほかの惑星とは違うと判断され、「小惑星」と分類されました。さらに、ジュノー、ベスタという小惑星も相次いで発見されました。今では**火星と木星の軌道の間には、数多くの小惑星が存在する「メインベルト」と呼ばれる小惑星帯がある**ことがわかっています。

小惑星の多くは小さな岩石や氷のかたまりで、その多くは太陽系形成初期の物質が残ったものだと考えられています。そのなかでもセレス、パラス、ジュノー、ベスタは「4大小惑星」と呼ばれ、セレスは現在「準惑星」に分類されています。ほかの3つの小惑星と異なり、大きくて丸いのがその理由です。

火星と木星の間には小惑星帯が存在する

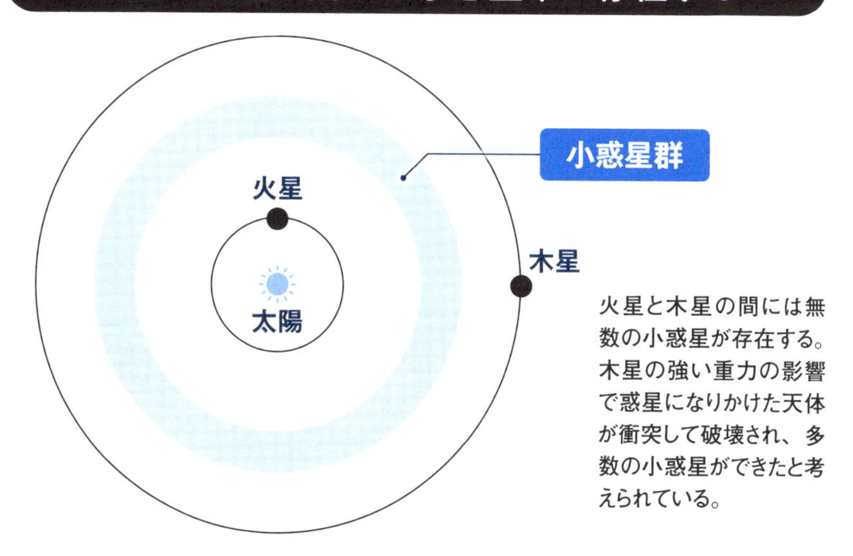

火星と木星の間には無数の小惑星が存在する。木星の強い重力の影響で惑星になりかけた天体が衝突して破壊され、多数の小惑星ができたと考えられている。

はやぶさ2が探査した小惑星「リュウグウ」

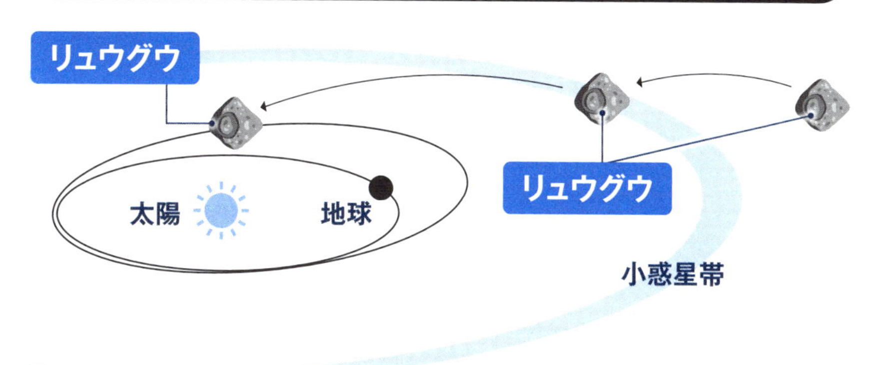

探査機のはやぶさ2が試料採取に成功した小惑星「リュウグウ」。その起源は太陽のはるか遠くにあり、小惑星帯を経て、地球近くに移動したと考えられている。原始的な物質の痕跡が残っていると考えられ、その分析により、太陽系の進化がわかるのだ。

衛星が一番多いのは土星？木星？

新発見で首位の座を奪い返した

52〜53ページで紹介した通り、木星は衛星が多い惑星です。では、太陽系で衛星が一番多い惑星が木星かというと、実は違うのです。

２０２３年5月に、カナダのブリティッシュコロンビア大学などの天文学者のチームが、土星の新しい衛星を発見。なんと、その数は62個。**連続して撮影した画像をズラして重ね合わせるという新しい手法で、観測が難しかった小さな衛星を発見することができた**といいます。

もともと土星には83個の衛星があり、太陽系で一番多くの衛星を持つ惑星としての地位を誇っていましたが、２０２３年初めまでに木星の衛星が新たに12個発見されたことで、木星にその地位を譲ったばかりでした。

しかし、この発見で土星の衛星の数は１４５個となり、早々に土星が1位に返り咲いたのです。**国立天文台によると２０２５年現在の土星の衛星の数は２７７個**（報告されている衛星のうち、３つは同じもの、または衛星ではなく粒子塊である可能性があります。その場合、土星の衛星の総数は２７４個です）。

土星の最大の衛星であるタイタンは、初期の地球に似ていると考えられています。炭素を含む有機化学物質が豊富で、生命体が存在する可能性も指摘されていますので、今後の研究に注目しましょう。

連続して撮影することで新衛星を発見

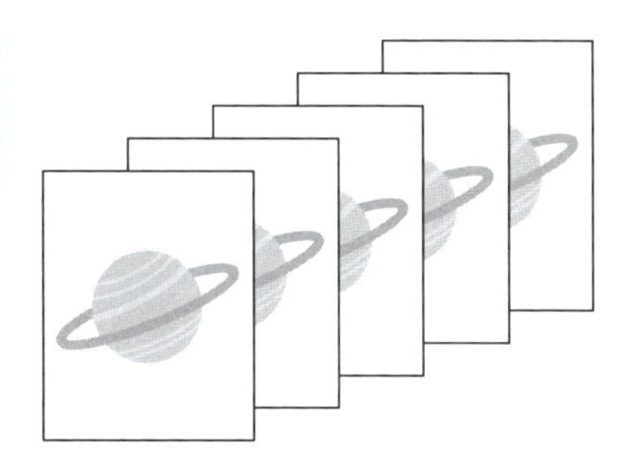

カナダの大学のチームは、長時間かけて連続撮影した画像を少しずつずらしながら重ね合わせる手法で、新しい土星の衛星を発見した。

土星最大の衛星タイタンには生命が!?

土星の衛星タイタンは、太陽系の衛星で唯一濃密な大気を持ち、地上の一部にも地下にも液体の海が存在する。これらの環境は、生命体の存在に適した条件となっている可能性がある。

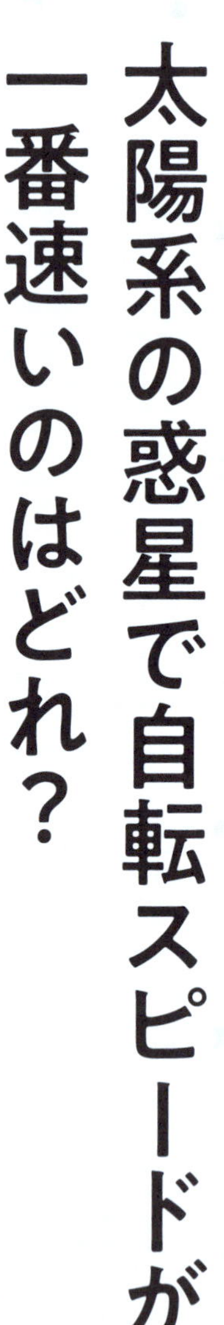

太陽系の惑星で自転スピードが一番速いのはどれ？

惑星の位置によってスピードも変わる

太陽系の惑星は、太陽のまわりをぐるぐる回っています。これを公転といいます。しかし、惑星はそれだけではなく、自分自身もぐるぐる回転しています。これを自転といいます。

地球は24時間で1回転します。この回転によって、朝が来て、昼になり、夕方になって、夜になります。

自転のスピードは、地球のどの場所にいるかで異なります。北極や南極では、移動する距離がごくわずかです。特に北極点や南極点ではまったく移動しないため、自転のスピードはゼロです。

一方、赤道では自転のスピードがもっとも速くなります。**その速さは時速約１７００㎞で、これは新幹線の5倍以上のスピードです。**

ちなみに、地球以上に速く回転する惑星はいくつかありますが、もっとも速いのは木星です。**自転スピードは時速約4万７０００㎞というとてつもない速さです。**

あまりに速いため、遠心力が強くなり、木星の形は少し潰れた楕円形になっています。さらに、木星の茶色い縞模様も、このすさまじい自転によってできた大気の流れが生み出したものと考えられています。そのため、赤道付近では強い風が吹き、巨大な嵐が長期間にわたって続くこともあります。

太陽系で一番自転が速いのは木星

順位	惑星	自転周期
1位	木星	約9時間55分
2位	土星	約10時間32分
3位	海王星	約16時間7分
4位	天王星	約17時間14分
5位	地球	24時間
6位	火星	約24時間39分35秒
7位	金星	約117日
8位	水星	約176日

木星の赤道部での自転のスピードは時速約4万7000km。遠心力で横方向に膨らみ、自転運動が影響した大気の流れで縞模様ができている。

惑星の位置で自転のスピードは異なる

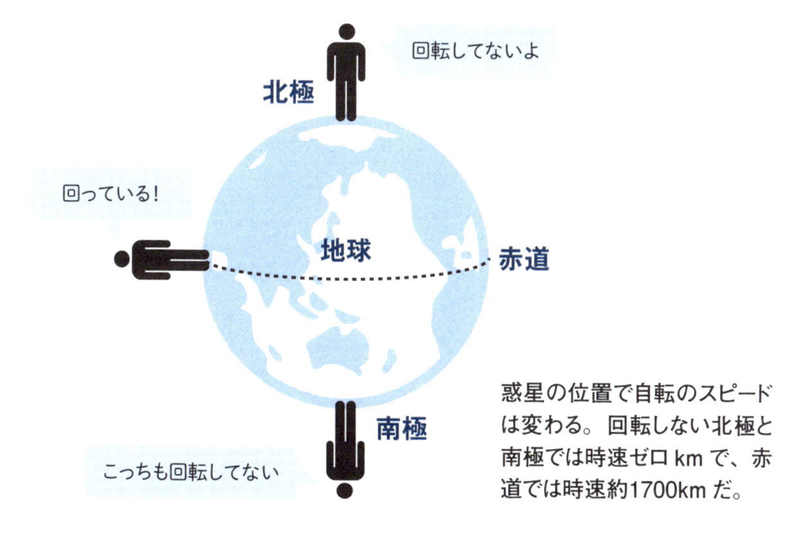

惑星の位置で自転のスピードは変わる。回転しない北極と南極では時速ゼロkmで、赤道では時速約1700kmだ。

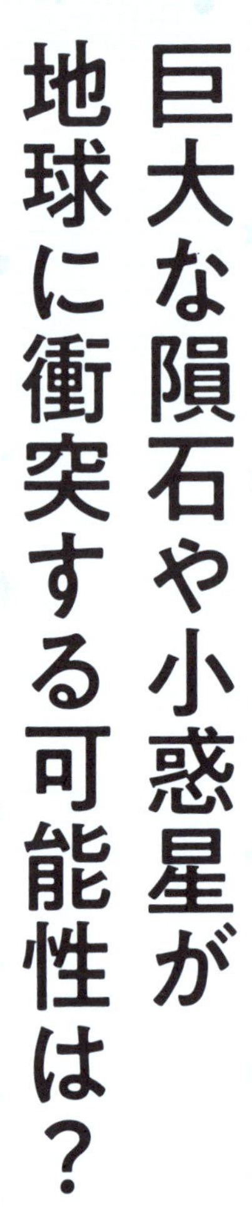

巨大な隕石や小惑星が地球に衝突する可能性は？

2032年に小惑星が衝突する!?

小説や映画のSF作品では、巨大な惑星や小惑星が地球に迫り、衝突の危機に陥るというストーリーがたびたび描かれます。フィクションの世界では壮大なスケールの災害として扱われますが、実際にそのような大規模な衝突が起こる可能性は非常に低く、数十万年に1回もないといわれています。

欧州宇宙機関（ESA）と米航空宇宙局（NASA）は、**2024年に発見された小惑星「2024 YR4」が、2032年12月22日に地球に衝突する可能性があると発表しました**。2024 YR4の危険性は、警戒レベルのなかで下から4番目の「レベル3」に分類されています。これは、2004年に記録された小惑星アポフィスの「レベル4」に次ぐものです（その後の観測により、アポフィスの危険性はゼロと判断されています）。

2024 YR4の大きさは大型ビルほどで、幅は40～100mと推測されており、衝突すれば周辺地域に壊滅的な被害をもたらす可能性があります。

しかし、**2025年2月、NASAとESAは2024 YR4の衝突リスクがほぼゼロになったと発表しました**。多くの観測で精密な軌道が求められた結果、衝突の可能性がほぼないことが判明したのです。

もっとも衝突の危険性が高い小惑星

2024年に発見された小惑星「2024 YR4」は、衝突の危険性が最大で3.1%に達し、観測史上最も高い数値となった。しかし、その後の詳しい調査によって衝突の危険性はないと判断された。

小惑星の軌道計算の手順

①観測データの収集

望遠鏡やレーダーで小惑星の位置や観測時刻を記録する。

②初期軌道の推定

得られたデータを基に、小惑星の初期軌道を推定する。

③軌道の精密化

さらに観測データを追加し、軌道を精密に計算する。

④将来の位置予測

確定した軌道を使い、将来の位置や地球への接近時期を予測する。

恒星のまわりを回らない惑星も存在する？

宇宙をプカプカと浮遊する惑星

惑星と聞くと、地球をはじめとする太陽系の惑星のように、恒星のまわりを公転する天体を思い浮かべるかもしれません。

しかしながら、惑星のなかには「浮遊惑星（自由浮遊惑星）」や「はぐれ惑星」と呼ばれるものも存在します。浮遊惑星が生まれた原因としては、**もともと恒星のまわりを回っていた惑星が何らかの理由で弾き出されたという説と、自己重力によって直接形成されたという説の2つが有力です**。

学術誌『アストロノミカル・ジャーナル』では、天の川銀河（銀河系）には浮遊惑星が1兆個以上存在する可能性があるという研究結果が発表されました。また、欧州宇宙機関（ＥＳＡ）も7つの浮遊惑星を発見しています。

通常の惑星は、恒星の光を浴びながら昼と夜のサイクルをつくります。しかし、**浮遊惑星は恒星の光を受けないため、地表は暗闇に包まれ、凍りついています**。ただし、内部に何らかの熱源がある場合、微生物のような生命が存在する可能性も指摘されています。

また、浮遊惑星は恒星の寿命に左右されないことも特徴になっています。たとえば、太陽系では太陽が燃え尽きると地球環境が激変しますが、浮遊惑星にはそのような影響がなく、長期的に安定した環境を維持できるのです。

恒星のまわりを回らない浮遊惑星

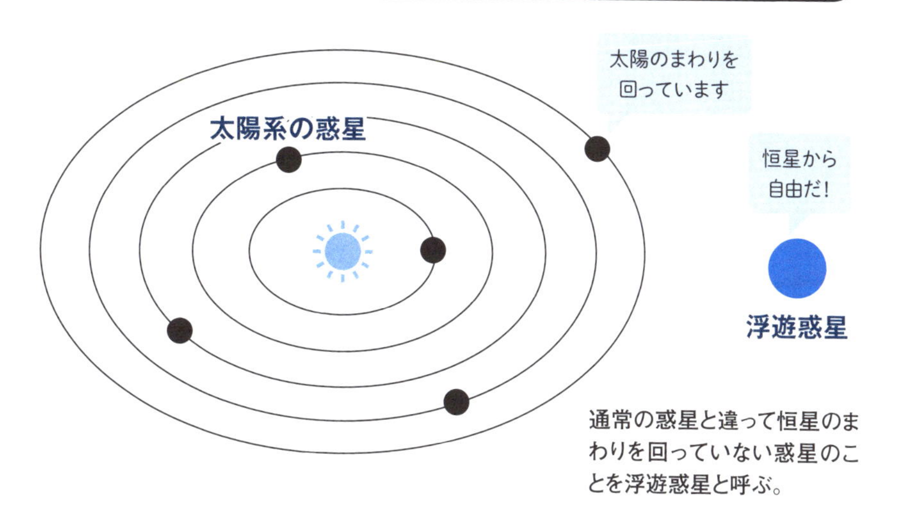

通常の惑星と違って恒星のまわりを回っていない惑星のことを浮遊惑星と呼ぶ。

恒星のまわりから飛び出した？

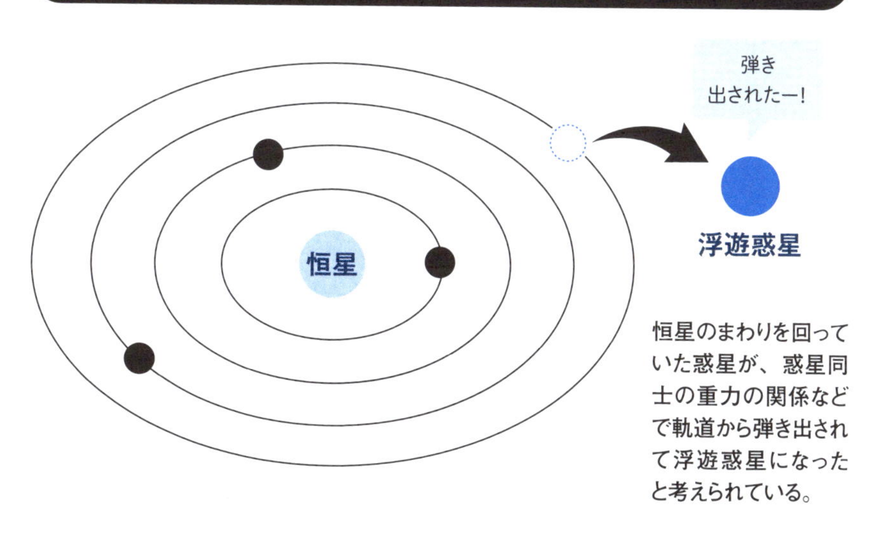

恒星のまわりを回っていた惑星が、惑星同士の重力の関係などで軌道から弾き出されて浮遊惑星になったと考えられている。

なぜ夏に見える星座と冬に見える星座は違うの？

地球の公転が星空に影響を与えている

夜空に輝く星座は、季節によって見え方が変わります。これは、地球が1年をかけて太陽のまわりを公転しているため、見える星々の位置が少しずつ変わるからです。春に見えていた星が秋には見えなくなるなど、観測できる星座も移り変わります。

地球は1年で太陽のまわりを1周（360度）します。**1カ月あたり約30度移動するため、同じ星座を観測していると徐々に西へ移動し、やがて見えなくなる**のです。

日本から観測できる代表的な季節の星座を挙げると、春に有名なのはおとめ座です。星の数が多く、88ある星座のなかで2番目の大きさを誇ります。

夏の星座はさそり座です。中心にはアンタレスという1等星があります。寿命が近いとされ、天文学的にも注目されています。

秋の星座では、アンドロメダ座が知られています。また、ペガスス座やカシオペヤ座も秋の星座として人気があります。近くにはアンドロメダ銀河があり、観察できます。

冬の星座の代表はオリオン座で、中央に並ぶ三ツ星が特徴的であり、非常に見つけやすい星座です。また、オリオン座を構成する1等星のベテルギウスも冬を代表する明るい星として知られています。

季節ごとに見える星座は変わる

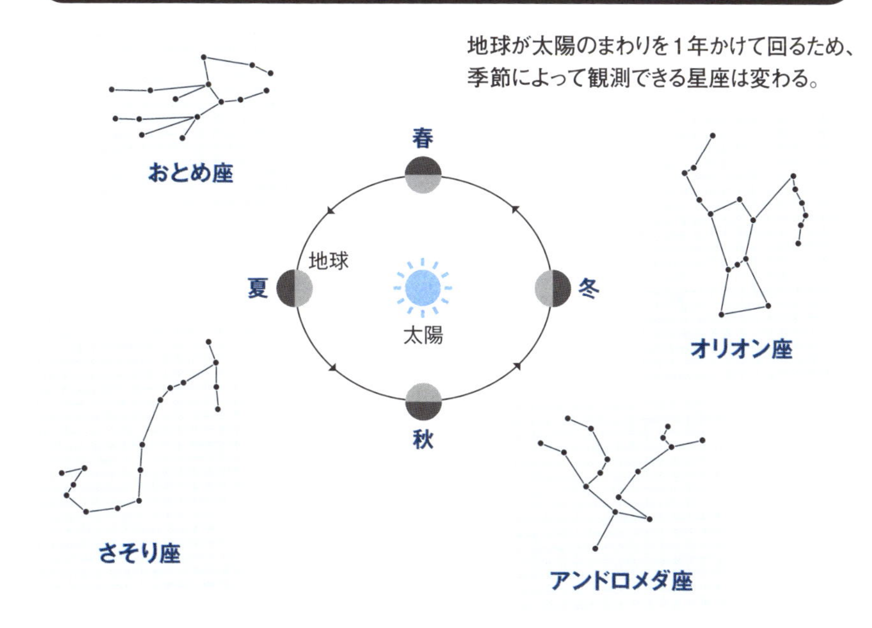

1年中見える星座もある

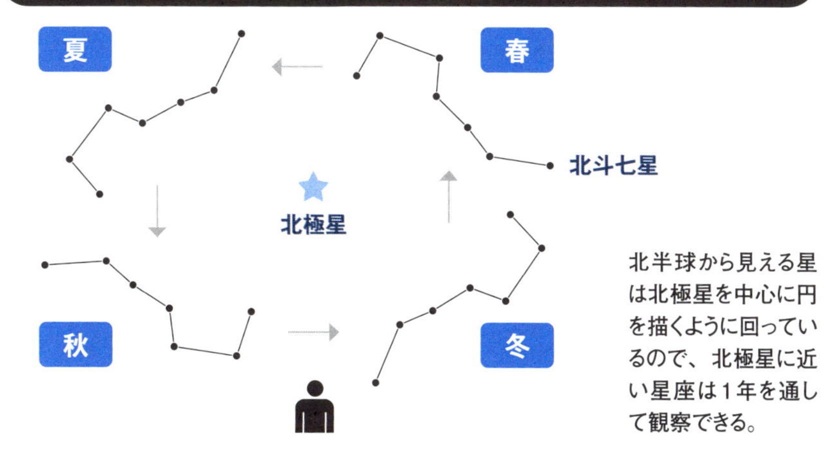

北半球から見える星は北極星を中心に円を描くように回っているので、北極星に近い星座は1年を通して観察できる。

星に名前をつける方法は?

空に輝く数多の星には、一つひとつ名前がついています。一方で、まだ発見されておらず、名前のついていない星もどこかに存在するでしょう。それを見つけることができれば、自分の名前を星につけるのも夢ではありません。

現在、星の命名に関しては国際天文学連合(IAU)が管轄し、一定のルールのもとで名づけています。基本的には、新しく発見された彗星と小惑星に限り、名前をつけることが可能です。命名提案権を持つのはどちらも発見者のみ。彗星の場合は、発見者の名前がそのままつけられます。もし複数人がそれぞれ同じ彗星を発見した場合は、発見の早い順に3人までの名前がつけられます。たとえば1965年に池谷薫と関勉がそれぞれ独自に発見したひとつの彗星には、「イケヤ・セキ彗星」という名前がつけられました。

小惑星の場合は、彗星とはまた別の規則がいくつか定められています。一部を紹介すると、発音がしやすいこと、アルファベットで16文字以下であること、公序良俗に反しないものであることなどです。これらの規則の範囲内であれば、自分自身の名前を除き、自由に星の名前を提案することができます。なかには、「たこやき」や「アンパンマン」といった非常にユニークな名前も多数存在します。

天体観測の
すごすぎる進化

ガリレオの望遠鏡から最先端の宇宙望遠鏡まで、人類は観測技術を進化させてきました。天文学の発展の軌跡をたどります。

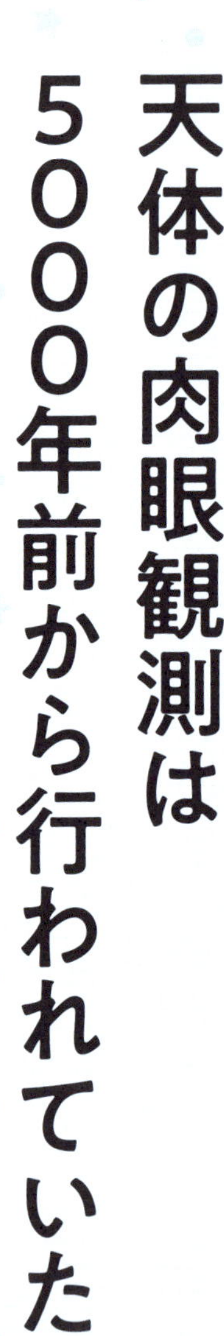

天体の肉眼観測は5000年前から行われていた

農業のために最初の暦はつくられた

そもそも、なぜ人は天体を観測しはじめたのでしょうか？　その答えは、農業に関係していると考えられています。

起源となるのは、チグリス川とユーフラテス川にはさまれた、現在のイラクにあたる地域です。遠い昔そこに栄えたメソポタミア文明では、土地が豊かだったこともあり、シュメール人によって早くから農業が行われていました。

そうして農業が本格化していくと、**1年のなかで種まきや収穫の時期を正確に把握する必要が出てきました**。そこでシュメール人は、紀元前3000年に、1カ月周期で満ち欠けする月を肉眼で観測して人類初となる暦をつくりました。農業という生活の軸を支えるために、天体観測が行われたわけです。

それから時を経て、古代ギリシャでは、哲学者たちがなおも肉眼で空を見つめて天体を研究しました。**天体の規則性や実態を解き明かそうという、学問的な要素が強まっていきます。**

たとえば、ピタゴラスの定理で有名なピタゴラスは、宵の明星と明けの明星を観測し、どちらも同じ金星であると考えました。そして金星に、ギリシャ神話に登場する愛と美の女神「アフロディーテ」の名をつけました。そのローマ名であるヴィーナスは、現在も金星の英語表記として使用されています。

収穫や種まきのために暦がつくられた

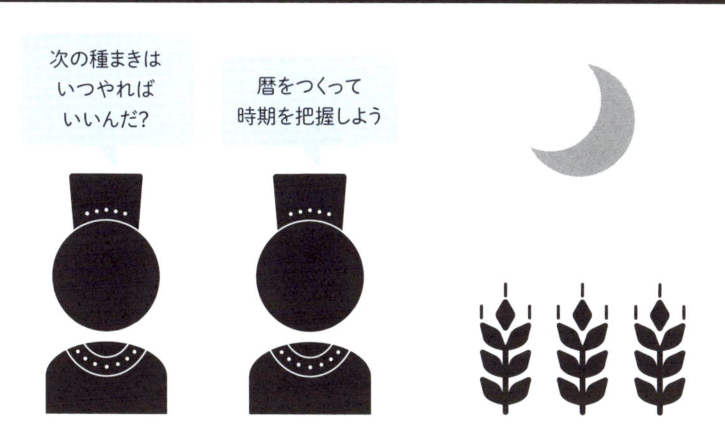

農業がいち早く発展したメソポタミア文明の人々は、月の満ち欠けを観測し、人類で初めて暦をつくり上げた。

地球が球体だと考えたのもピタゴラスだった

地球は平らだと考えられていた古代に、ピタゴラスは地球が丸いという説を唱えた。沖から陸を見たとき、ある程度の高さがある場所しか見えなかったことから考えついたといわれている。

なぜ
山の高いところしか
見えないのだ?

ピタゴラス

地球

望遠鏡の登場で天文学は飛躍的に前進した

望遠鏡が天体観測を発展させた

古代に肉眼で観測することからはじまった天体観測ですが、望遠鏡が発明されたことで、その精度はさらに上がっていきました。

もともと、望遠鏡や眼鏡で現在当たり前に使われているレンズというのは、ものを見るためではなく火をつけるための道具でした。そんななか、ローマの政治家で哲学者のセネカは、**レンズを使えばものを拡大して見られる**ことに注目しはじめます。そして時が進み、17世紀初頭には、オランダで世界初の実用的な望遠鏡がつくられました。

この望遠鏡を改良し、天体観測に活用したのが「天文学の父」ともいわれるガリレオ・ガリレイです。彼は１６０９年、２枚のレンズを組み合わせることで、倍率20倍の望遠鏡の製造に成功。**これを使って夜空を観測し、木星の衛星や、月面のクレーター、金星の満ち欠け、太陽の黒点などを発見しました**。

また、万有引力を発見したことで知られるアイザック・ニュートンも、望遠鏡の改良に着手しています。ガリレオの望遠鏡は屈折式で、観察物が多少ぼやけて見えてしまうという弱点がありました。そこでニュートンは、レンズではなく鏡を使った反射式望遠鏡を発明して、この問題を克服。より高度な天体観測が可能となりました。

ガリレオの望遠鏡

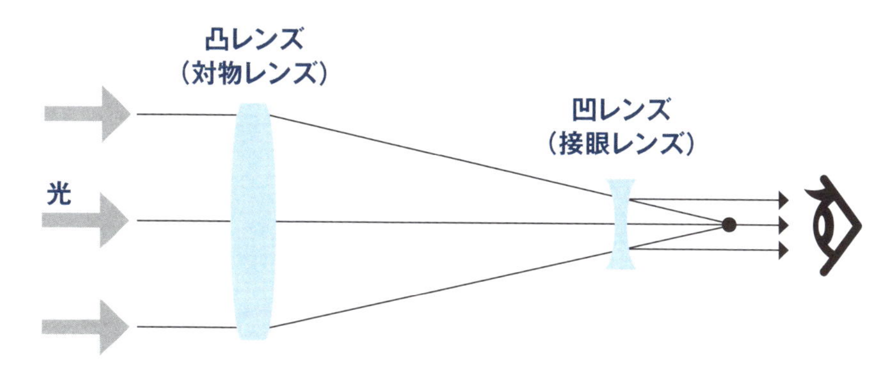

ガリレオが発明した望遠鏡は屈折望遠鏡という。光の色ごとに屈折率が異なるため、焦点距離がそれぞれ変わって像がぼやけるという弱点がある。取り扱いが容易で、もっとも一般的な望遠鏡だった。

ニュートンの望遠鏡

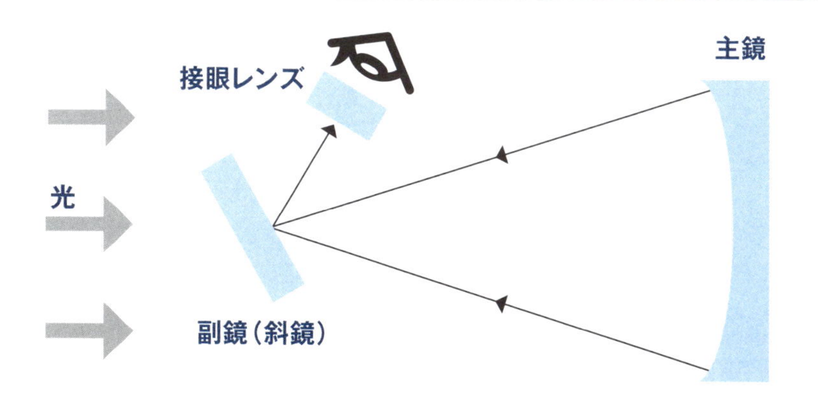

ニュートンが発明した望遠鏡は反射望遠鏡という。主鏡で反射させた光を、さらに副鏡で反射させ、横方向の接眼レンズから見る。現代でも、高性能な望遠鏡はこの方式である。

目で見えるものの観測から目で見えないものの観測へ

さまざまな電磁波で宇宙を調べられる

肉眼から望遠鏡を用いた天体観測へと発展したのち、次は電磁波を用いた観測が行われるようになりました。

宇宙にあるすべてのものは、電磁波を放っています。唯一見える可視光線のほかに、目には見えない赤外線やX線、ガンマ線などがその一部です。**これらを用いれば、視覚情報を超えて宇宙のさまざまな天体や現象を観測できます。**

たとえば赤外線は、比較的低温の物質から放たれているため、そうした天体を観測するのに最適です。また宇宙から届く電磁波は、地球に届くまでに宇宙空間の膨張の影響を受け、波長が引き伸ばされて長くなります。もとは波長の短い電磁波が、地球に届くころには波長の長い赤外線へと変化するのです。この性質を利用して、遠い昔の宇宙のはじまりを解き明かす研究が進められています。

一方X線は、高温でエネルギーの高い物質から放たれます。X線は**レントゲン写真で知られているように、透過力があるのが特徴です。**これを利用し、濃いチリに埋もれた天体などを観測することができます。またガンマ線も、X線と同じようにエネルギーの高い物質から放たれる電磁波です。超新星爆発の残骸やブラックホールなど、非常に高エネルギーの現象を捉えられます。

電磁波の観測で宇宙のことがわかる

赤外線

数十億光年といった遠くの天体が放つ可視光は、宇宙空間の膨張に引きずられて波長が長くなり、地球に届くころには多くは赤外線になっている。

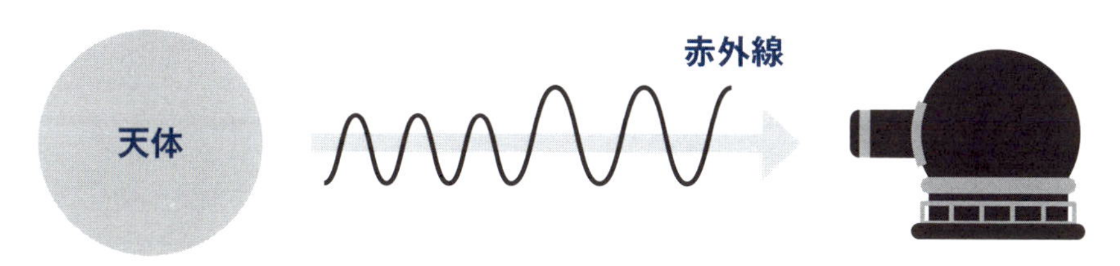

X線

X線の透過力を用いて、濃いチリに埋もれた暗黒星雲などを観測することも可能。

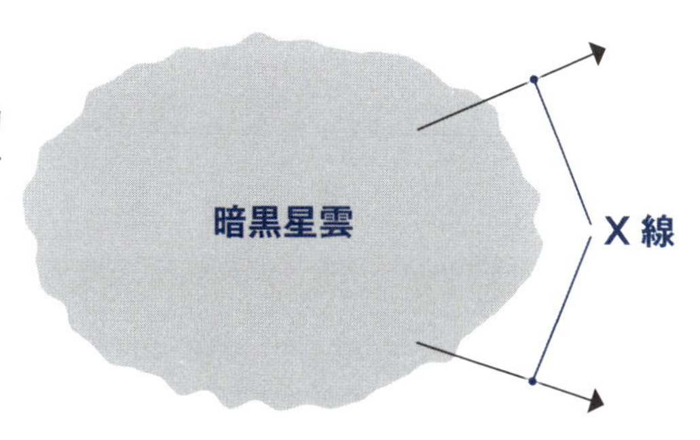

ガンマ線

ガンマ線はX線と同じく、エネルギーの高い物質から放たれる。そのため、超新星爆発のような膨大なエネルギーを放出する現象を観測するのに適している。

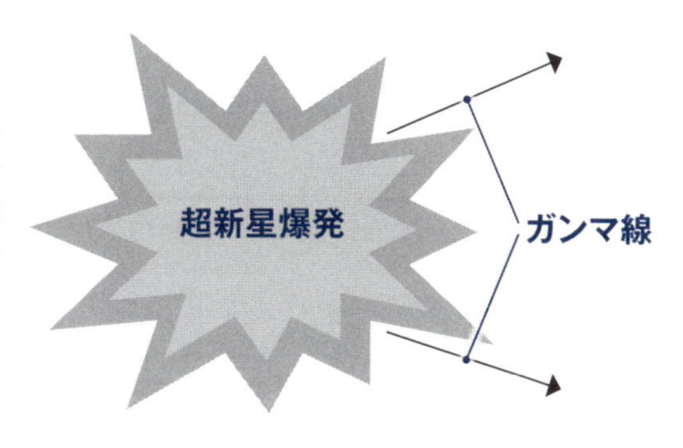

放射線や重力波も天体観測の対象に

宇宙線や重力波の観測へと発展

目に見えないものの観測はさらに発展を遂げ、宇宙線や重力波から宇宙について探ろうという動きも出てきました。

宇宙線とは、宇宙から発せられる放射線のことで、小さな粒子が地上へ降り注いでいます。オーストリアの物理学者ヘスが1912年に発見しました。宇宙線のなかでも、特に注目されているのがニュートリノです。これは、物質を構成する最小単位である素粒子の一種で、何でも通り抜けるという特徴があります。まだ謎に包まれている部分が多く、これを解明していけば宇宙線や宇宙そのものの成り立ちが判明するのではないかと考えられているのです。またその観測には、スーパーカミオカンデやカムランドなどのニュートリノ望遠鏡が使われます。

このほか、重力波の観測も積極的に行われています。**重力波とは、天体などの巨大な物質が激しく運動したときに発生する時空のさざ波**のことです。1916年に、アイザック・ニュートンが一般相対性理論のなかでその存在を提唱しました。観測を進めることで、一般相対性理論が正しいかの立証と、誕生の瞬間まで含めた宇宙の過去を探ることが期待されています。重力波を観測する重力波望遠鏡としては、日本の国立天文台三鷹キャンパスに設置されたTAMA300が先駆者でした。

宇宙からやってくる放射線「宇宙線」

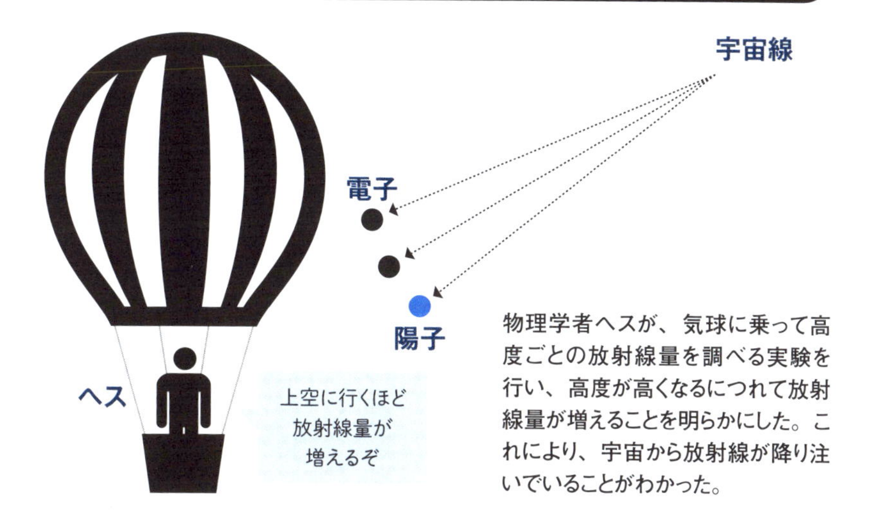

物理学者ヘスが、気球に乗って高度ごとの放射線量を調べる実験を行い、高度が高くなるにつれて放射線量が増えることを明らかにした。これにより、宇宙から放射線が降り注いでいることがわかった。

ニュートリノを観測するスーパーカミオカンデ

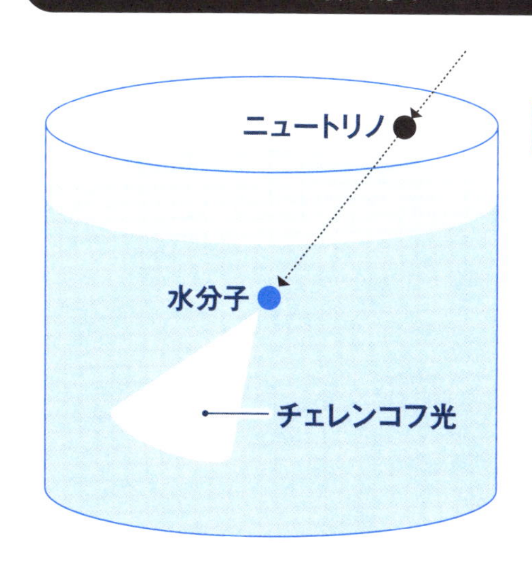

スーパーカミオカンデ

スーパーカミオカンデは巨大な水槽のようになっており、そこを通過するニュートリノがまれに水分子と衝突して「チェレンコフ光」という弱い光を放出する。この光を検出することで、ニュートリノを観測している。

最新の望遠鏡は地球ではなく宇宙にある

望遠鏡で宇宙から宇宙を見る

天体望遠鏡は、地上に設置されているものがすべてではありません。宇宙空間に打ち上げられた、宇宙から宇宙を観測する天体望遠鏡があるのです。

これは宇宙望遠鏡と呼ばれます。打ち上げ失敗のリスクは伴うものの、**宇宙空間には大気が存在しないため、その影響を受けることなく鮮明な状態で宇宙の観測を行うことができます。**

特によく知られているのが、1990年にNASAの宇宙計画の一環で打ち上げられたハッブル宇宙望遠鏡です。地上約540㎞を周回し、長さ13・1㎞の筒形の機体の内部に収納された反射望遠鏡（72～73ページ参照）を活用して、銀河や超新星爆発といったさまざまな宇宙の画像を撮影しています。そしてその画像は、宇宙の調査・研究に役立てられています。

しかし、年々その高度は下がっており、**姿勢を制御するジャイロスコープに問題が発生するなどの老朽化が心配されています**。とはいえ、これからもまだまだ運用されていく見込みで、そのための改善策が検討中のようです。

また2021年には、ハッブル宇宙望遠鏡と比べて100倍の観測能力があるといわれる、後続機のジェイムズ・ウェッブ宇宙望遠鏡も打ち上げられました。さらなる宇宙の解明が期待されています。

地上では天候や光が観測に影響する

地上で天体望遠鏡を使うと、天候に左右されたり、光害が影響したりして天体を観測しにくいことがある。

地球を周回するハッブル宇宙望遠鏡

長さ13. 1mの筒形の機体のなかに反射望遠鏡が備わっている。宇宙を撮影し、数々の鮮明な画像を地上に送り続けているが、老朽化といった問題もある。

天文台って何をしているところ？

宇宙について観測と研究を行う

地上から宇宙を観測し、研究する施設を天文台といい、**研究の目的ごとに特徴の異なる天文台が存在します**。

たとえば、天体を物理的な側面から研究することを目的としている天文台は、高性能な観測のために大きな望遠鏡が必要となります。それに伴い、施設も大規模になりがちです。一方で、天体の位置について研究することを主な目的としている天文台は、使用する機械は精巧でも小型のものも多く、施設自体も比較的小規模なつくりになっています。

このほか、宇宙からの電波を研究する電波天文台というものもあります。ここに備わっているのは、電波望遠鏡という、電波を用いて天体を観測する望遠鏡です。

こうした天文台の建設では、立地が重要視されます。人が多く住む場所の近くだと、天体観測の際に光害の影響を受けたり、携帯電話や無線ＬＡＮの電波の干渉を受けたりしてしまいます。そのため、天文台は都市部から離れた標高の高い場所に建設されることが多いです。

また、大きな天文台で働くスタッフは研究教育系職員、技術系職員、事務系職員の3種類に分けられます。研究教育系だと修士号、場合によっては博士号が必要。非常に専門的な知識や技術が問われる職業です。

電波を観測する電波天文台

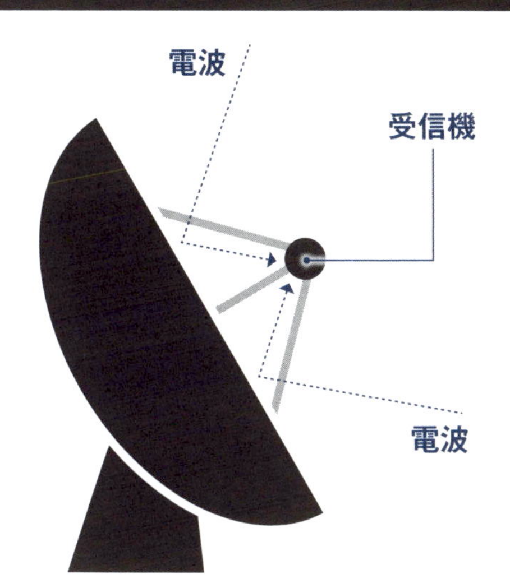

宇宙からの電波をアンテナでキャッチ。目には見えない天体の姿を捉えることができる。

天文台の職員は3種類

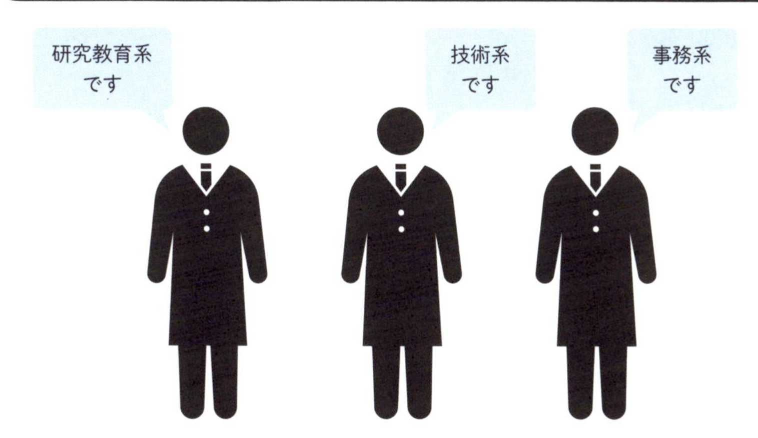

研究教育系職員は研究に従事。技術系職員は観測機器を設計・開発・保守・運用する。事務系職員は施設の事務を担う。

毎年の暦ってどう作成しているの？

天体観測と暦には深い関係がある

世界で最初の暦（カレンダー）は、メソポタミア文明で月の満ち欠けをもとにしてつくられました（70～71ページ参照）。では、現代の暦はどうやってつくられているのでしょうか？

日本において、毎年の暦は国立天文台が作成しています。現在私たちが使っている暦は、16世紀にローマ教皇のグレゴリウス13世が制定したグレゴリオ暦というものです。太陽の動きをもとにしているため、太陽暦とも呼ばれます。国立天文台ではこのグレゴリオ暦をベースに、観測と計算によって、季節を24に分ける二十四節気や月の満ち欠け、一部の祝日を定めて暦を完成させています。

たとえば、春分・秋分の日というのは、年によって日にちが変動することのある祝日です。太陽の通り道である「黄道（こうどう）」と、赤道を天まで延長させた「天の赤道」は、2点で交差しています。この2点を春分点、秋分点と呼び、太陽がそれぞれの点を通過する日が春分の日、秋分の日です。国立天文台は、これがいつになるのかを計算し、予測を立ててその日付を決定しています。**天体観測による計算や予測を行い、暦に必要な情報を定めていく**のです。

そして毎年2月の最初には、政府が発行する官報で、国立天文台が作成した翌年の暦が発表されます。

昔は占い師が暦をつくっていた？

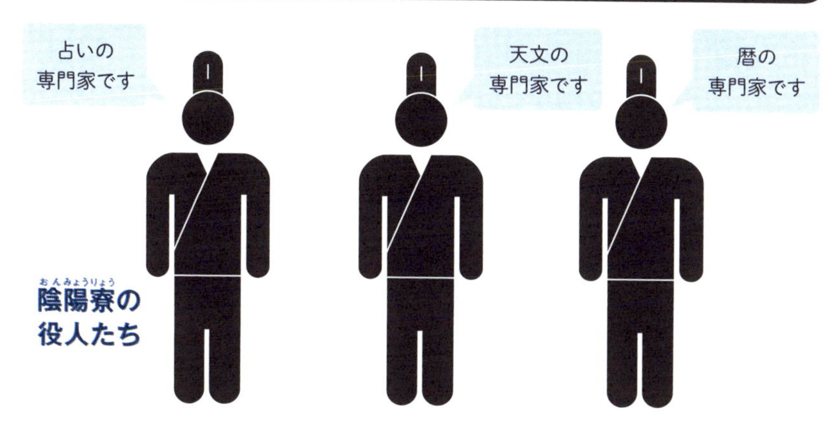

6世紀に中国の暦が日本に伝わると、大和朝廷は暦の管理を陰陽寮に任せた。陰陽寮は、占いや天文などを担当する部署。ここに所属する暦博士という役人が暦を作成した。

春夏秋冬をさらに6つに分けた二十四節気

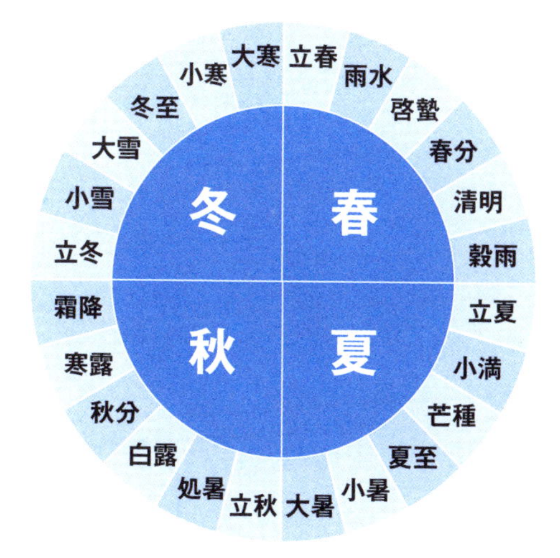

二十四節気は、一年を春夏秋冬の4つに分け、それをさらに6つに分けて合計24の季節に分類したもの。太陰太陽暦（旧暦）で閏月を設ける基準としても使われた。

天体観測が不可能に!?「光害」って何?

深夜営業しているお店の灯りや看板の照明によって、都市部では夜でも歩くのに困らないほど外が明るくなっています。夜道が照らされるのはよいことのように思えるかもしれませんが、夜の灯りがもたらすさまざまな悪影響が問題視されています。過度に明るかったり、本来照らしたいものとは別のものまで照らしたりすることで、周辺の環境に害が及んでしまうのです。こういった現象はまとめて「光害」と呼ばれています。

光害でどんなことが起こり得るのかというと、夜空が明るくなって星が見えにくくなってしまうのはもちろんのこと、街路樹や畑の作物に照明が当たり続けて生育に予期せぬ影響が出てしまうことがあります。照明のまぶしさに車の運転者と歩行者がお互いを認識できず、接触してしまう可能性も出てくるでしょう。また、照明の使い方が適切でない場合が多く、エネルギーの浪費を招いています。これは環境への配慮が叫ばれる現代において、特に解決すべき課題です。

夜に使用している灯りが本当に必要なものかどうかを見極め、適切な光の量に改めることが普段からできる対策です。夜空が本来の通りの暗さを維持できれば、自然と星もきれいに見えてくるでしょう。

歴代の
天文学者たちの
『説』を徹底検証

宇宙を解明しようとした天文学者たちの理論は、時代とともに変化してきました。歴史に残る『説』の検証を通じて、科学の進化を探ります。

かつて宇宙＝女神と考えられていた

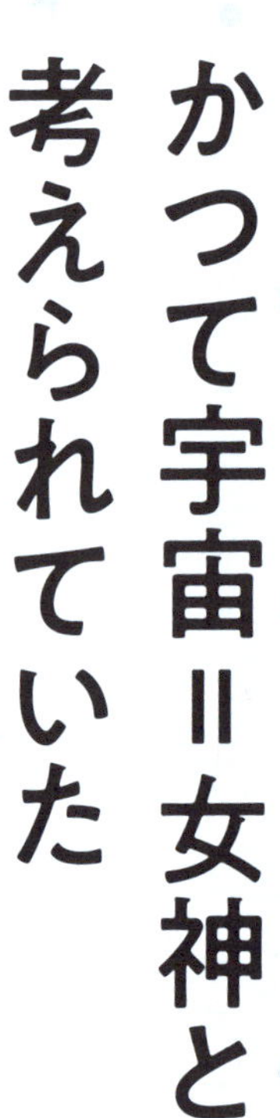

古代エジプトの宇宙観とは

宇宙の姿が詳しく解明されるようになったのは、科学が発達した近代に入ってからのこと。それ以前の遥か昔、古代の人々はこの不思議な宇宙をどのように考えていたのでしょうか。

かつて、**流れ星やオーロラ、月の満ち欠けなど、人知を超えた自然現象は、「神様」の働きによるものとされていました**。あるいは、それ自体が「神様」であると信じられていたのです。そのため、神話や宗教では神様、つまり宇宙の存在について数多く語られています。

代表的なのが、約5000年前にはじまった古代エジプト文明です。文字や美術、建築、衣食住などが高度に発展し、有名なピラミッドやスフィンクスが築かれました。また、文明や人類、地球がどのように生まれたかを示した古代エジプトの「創世神話」によると、**天（宇宙）は「ヌト」という女神、大地は「ゲブ」という男神の体と考えられていました**。もともと、ふたりは寄り添うように抱き合っていましたが、大気の神「シュー」がふたりを引き離したことにより、天と大地が誕生したとされています。

この神話の世界観は、古代エジプトの壁画にも描かれています。ヌト（天）とゲブ（大地）の間に立ったシュー（大気）がヌトを支え、太陽などの天体は船に乗ってヌトの体の上を進む様子が表現されているのです。

「神様」だと考えられていた自然現象

古代の人々は、突然の雷雨や新月・満月など、人知を超える自然現象は「神様」によるものだと考えていた。日本の古事記にも、「天之御中主神(アメノミナカヌシノカミ)」など、宇宙の起源と語られた神様が伝えられている。

古代エジプト人が考えた宇宙

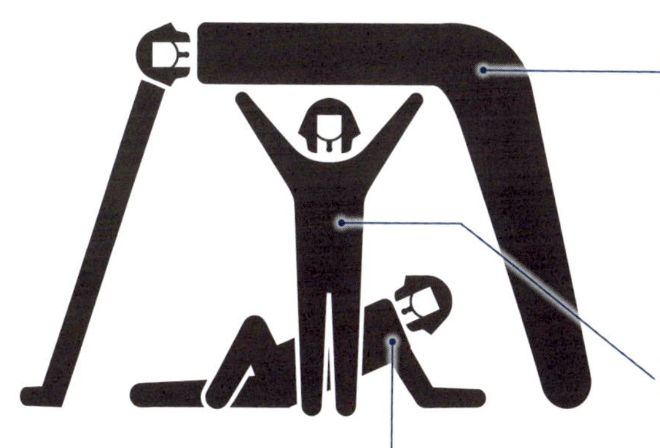

ヌト(宇宙)
エジプト神話の天空の女神。夜になるとゲブに覆いかぶさり、体にちりばめた無数の星で大地を照らす。

シュー(大気)
風や空気を司る神。ヌトとゲブが一体となっていたのをシューが引き離したことで、天と地が生じたとされる。

ゲブ(大地)
大地を象徴する男神。ヌトと引き離され、地上に横たえられた。ゲブの笑い声が地震を起こすと信じられていた。

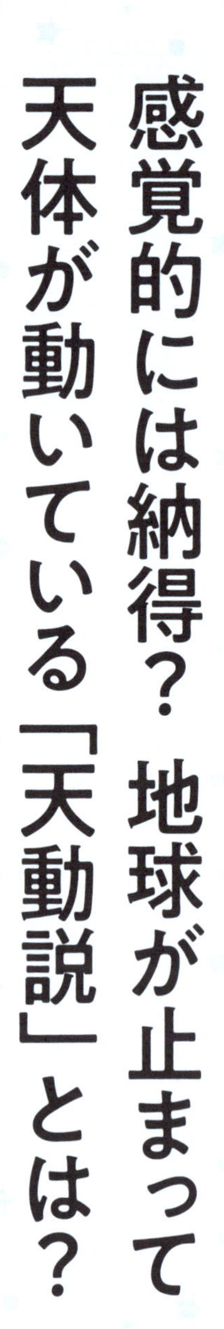

感覚的には納得？ 地球が止まって天体が動いている「天動説」とは？

約１３００年間にわたって信じられた

今から約１９００年前の古代ローマ時代、エジプトに「プトレマイオス」（別名トレミー）という天文学者がいました。彼は古代ギリシャ時代から続く天文学や数学を整理したり、星座のリストを作成したりした人物です。

プトレマイオスは、**宇宙の中心に地球があると考え、これが後に「天動説（地球中心説）」と呼ばれます**。この天動説では、地球は静止しているとされ、月や太陽、そして５つの惑星（水星・金星・火星・木星・土星）の動きが「周転円」や「導円」といった概念で説明されました。また、天の果てには星が張りついていると考え、これを「恒星天」と呼びました。つまり、**彼は地球を中心に5つの惑星と太陽・月が回っていると考えた**のです。

さらに、プトレマイオスはこうした古代ギリシャの理論を『アルマゲスト』という書物にまとめ、発表しました。これにより天動説が広まり、多くの人々に信じられるようになります。およそ１３００年もの長い間、この考え方が通用していたのです。

当時の人々にとって、大地（地球）は動かないもので、その周囲を天が巡るという考えはごく自然なものでした。プトレマイオス自身も、宇宙の中心にあるのが太陽だとは想像すらしなかったことでしょう。

プトレマイオスの考えた「天動説」

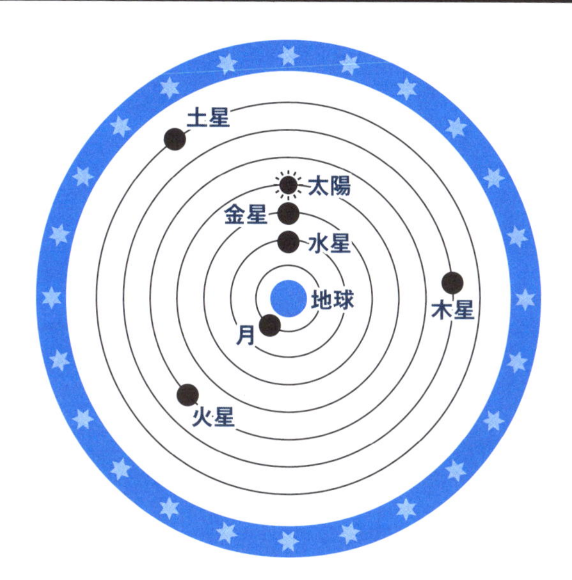

プトレマイオスの時代は、地球のほかに水星、金星、火星、木星、土星の5つの惑星が知られていた。そして月と太陽を含め、すべて地球を中心に回っていると考えられていた。

天動説を唱えた「プトレマイオス」

時代:およそ85~165年(諸説あり)
出身地:ギリシャ
肩書き:天文学者・地理学者

エジプトのアレクサンドリアで活躍したギリシャの天文学者・地理学者。英語名はトレミーで、現在でも「トレミーの定理」などで知られている。近世初期に至るまで、天文学(占星術)、地理学、数学などに多大な影響を及ぼした。

唱えたら異端？常識を覆す「地動説」とは？

〝コペルニクス的転回〟をみせた宇宙観

すべての天体が地球のまわりを回っていると考えられた「天動説」。しかし、16世紀になると、この考えを180度覆す、新たな宇宙観を唱えた人がいます。それは、ポーランドの天文学者であるニコラウス・コペルニクス。彼が唱えた**「地動説（太陽中心説）」は、地球ではなく太陽が中心にあり、地球はほかの惑星とともに太陽のまわりを公転しているという考え方です。**さらにコペルニクスは、太陽を中心に回る惑星を水星、金星、地球、火星、木星、土星の順に並べ、その外側に恒星天を置き、地球は1日に1回自転しているとしました。

しかし、当初コペルニクスは、地動説の正しさをおおっぴらに発表しませんでした。なぜなら、当時のヨーロッパで大きな力を持つ**キリスト教会では「天動説」が信じられていたため、彼の「地動説」は教会が認める宇宙観を否定することになってしまうからです。**

しかし、のちに弟子に強く勧められ、コペルニクスは「地動説」の考え方を記した本を出版します。その際、弾圧をおそれた出版の責任者は、この本が「数学的な仮説である」との序文を勝手に書き加えたという話が伝わっています。コペルニクスは本の出版から間もなく亡くなりましたが、地動説はのちの宇宙の見方に多大な影響を与えることになるのです。

太陽を中心に地球が回る「地動説」

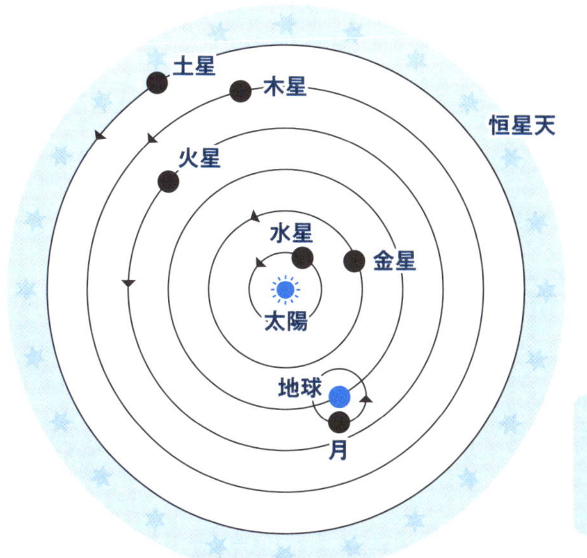

惑星の軌道の大きさと
公転周期の順序が
一致していることに
気がついた！

コペルニクスは、太陽が宇宙の中心にあるとし、そのまわりを回る惑星を水星、金星、地球、火星、木星、土星の順に並べ、その外側に恒星天を置いた。当初、賛成する人は多くなかった。

宇宙の見方を変えたコペルニクス

地動説はキリスト教の
宇宙観を否定してしまう……

コペルニクスが書いた本『天球の回転について（De Revolutionibus Orbium Coelestium）』は、次第に人々に知られるようになり、キリスト教の宇宙観に大きな変化を与えることとなる。

地動説がキリスト教に正式に認められたのは、平成4年と意外と最近

望遠鏡で本当の「宇宙の姿」を発見！

宇宙に対するさまざまな説が議論されるなか、17世紀の初めにオランダのハンス・リッペルハイという人が、世界で初めて望遠鏡を発明します。この画期的な発明に感銘を受けたのがイタリアの科学者、ガリレオ・ガリレイ。彼はより高性能な望遠鏡を自作し、これを使って月や木星の観測に成功しました。

さらにガリレオは、木星のまわりを回る4個の衛星を見つけます。そしてその**衛星の動きから、小さな地球のまわりを大きな太陽が回るとする「天動説」よりも、地球が太陽のまわりを回っているとする「地動説」が正しいと確信するに至った**のです。

その後、ガリレオは「地動説」の正しさを主張しますが、天動説を信じるローマ教会から批判の声があがり、裁判にかけられてしまいます。「地動説を公に主張しないように」と命じられながらも、彼は自らの考えを曲げることなく研究を続けます。しかし、最終的に彼は再び裁判にかけられ、地動説を放棄させられるとともに、自宅軟禁を強いられてしまいました。

彼の主張が公に認められるのは、それから300年以上もあとのこと。1992（平成4）年、ローマ教皇ヨハネ・パウロ2世がガリレオ裁判を再評価し、当時の誤りを認めたことで、正式に歴史的評価を得ることになったのです。

ガリレオは約100本もの天体望遠鏡をつくった

自作で天体望遠鏡をつくったガリレオだが、その数は彼が亡くなるまでに100本を超えていたともいわれる。彼は晩年にほとんどの視力を失っていたが、望遠鏡を使った天体観測が影響を与えていたかどうかは議論の余地がある。

最後まで「地動説」を信じたガリレオ

自作した天体望遠鏡を使って宇宙を観測し、最後まで「地動説」の正しさを証明しようとしたガリレオ。名言として知られるこの言葉は、ガリレオが有罪判決を聞いたときにつぶやいたと、後世につくられたものとされている。

ハーシェルが考えた宇宙の形

「宇宙って一体どんな形をしているの？」。そんな素朴な疑問に対して、イギリスのウィリアム・ハーシェルは、世界で初めて科学的な調査を行いました。

その当時、星までの距離を測る方法はありませんでした。そこでハーシェルは、空を一定の大きさに分け、そのなかにある星の数で空の奥行きを知ろうとしたのです。それは、自作の望遠鏡を使って夜空にある星の数を数えるという、とても根気のいる方法でした。彼は1783年から約2年ほど星を数え続け、**その結果、宇宙は星の大集団で「凸レンズのような形をしている」という結論に至ったのです**。

また、その時代の人々にとって、夜空に見える天の川が「宇宙のすべて」だと考えられていました。ハーシェルは、この天の川に星が多く見える謎についても追究します。まず、凸レンズの直径は約6000光年で、太陽はその中心にあると考えました。そして、天の川に星が多く見える理由は、凸レンズのなかから見た場合に、レンズのへりの方向へたくさんの星が重なりあい、それが太陽系を取り巻く「川」のように見えるからだと提唱しました。

その後、一部間違いはあるものの、星の集団が凸レンズ型をしていることは正しく、また天王星の発見なども成し遂げています。

全部で683区画も“空”を調査した

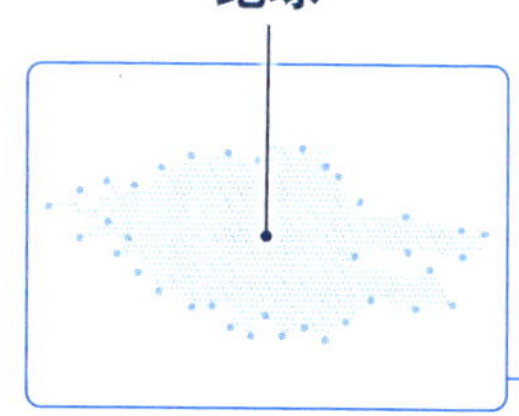

天の川の恒星の分布を観測し、宇宙が凸レンズ型の形状を持つと考えたハーシェル。さらに、彼はその中心に地球が位置すると推測した。また、「宇宙には形がある」というアイデアを提唱したのは、ハーシェルが人類史上初であった。

ハーシェルは空を一定の大きさに区切り、そのなかにある星の数で空の奥行きを知ろうとした。その区切った“空”の合計は683個にも及ぶ。天の川の方向には星がたくさん見えるため、より奥行きがあると考えた。

天王星を発見したハーシェル

ドイツ出身のイギリスの天文学者、ウィリアム・ハーシェル。もともと音楽家でしたが、次第に趣味の天体学に没頭するようになり、自ら反射望遠鏡を製作して天体を観測した。1781年、のちに天王星と命名される天体を発見し、時の人となる。

宇宙の範囲はどこまでなのか論争

宇宙ははるかに大きかった

織姫と彦星の七夕伝説に出てくる「天の川」。街灯の少ない田舎道や自然の多い場所などで夜空を見上げると、光の帯のようなその美しい姿を見ることができます。そんな天の川に関する論争が、1920年ごろのアメリカで話題になっていました。

「天文学の大論争」と呼ばれるこの論争では、「宇宙はどこまで広がっているのか」について議論がなされていました。**天の川銀河が宇宙のすべてだと考える天文学者と、天の川銀河の外にも宇宙は広がっていると考える天文学者とで、意見が真っ二つに分かれていたのです。**

これに結論を出したのが、アメリカの天文学者エドウィン・ハッブル。ハッブル宇宙望遠鏡の名前の由来になった人物です。彼はアンドロメダ星雲にある「セファイド型変光星」という恒星を発見・観測し、地球との距離を計測しました。周期的に明るさが変化する性質を持つこのタイプの星を利用すれば、地球からの距離を求められると考えました。

その結果、**ハッブルは、アンドロメダ星雲は天の川銀河の外にあるということを発見したのです**。つまり、宇宙は天の川銀河に限らず、広大だということが明らかになったのでした。また、この発見により、アンドロメダ星雲は「アンドロメダ銀河」と呼ばれるようになりました。

天の川銀河の外にも銀河はある？ ない？

宇宙がどこまで広がっているかについての論争が行われていたのは、今からおよそ100年前のこと。われわれのいる天の川銀河の外にも宇宙が広がっていると発見されたのは、そう遠い昔のことではない。

驚くべき発見をしたハッブル

エドウィン・ハッブル

アメリカの天文学者（1889～1953年）。アンドロメダ銀河までの距離を測定したほか、宇宙空間が膨張しているという驚くべき発見をした人物でもある。

「セファイド型変光星」とはどんな星？

星の明るさが変化する恒星を「変光星」といい、セファイド型変光星はその一種。「変光周期が長いほど絶対等級（26ページ参照）が明るい」という性質を持ち、これを利用して天体までの距離を精度高く求めることができる。

そもそも宇宙はどうやって誕生した？　有力なビッグバン理論とは

ビッグバンを唱えた人は誰？

ビッグは英語で大きいという意味で、バンは爆発音を表します。その名の通り、**「ビッグバン」とは宇宙が誕生したときに発生した大爆発のことを指します**。

この「ビッグバン」は、ウクライナ出身でアメリカで活躍したジョージ・ガモフという物理学者たちによって提唱され、１９４８年に発表されました。

そもそも、宇宙の誕生に関するシナリオのなかで特に有力だと考えられているのがこの「ビッグバン」理論です。

宇宙は最初に誕生したばかりのころ、一瞬のうちに巨大化したといわれています。これを「インフレーション」と呼び、宇宙は急激に膨らんだと考えられています。さらにこのとき、**未知のエネルギーが熱のエネルギーに変化して「ビッグバン」が起き、宇宙は火の玉のような、超高温の灼熱状態になった**と考えられています。そしてビッグバンのあとも、さらにゆっくりとした宇宙の膨らみがしばらく続いたといわれています。

また、ビッグバンが発生した結果、「素粒子」という、あらゆる物質をつくる目に見えない小さな粒が誕生しました。私たち人間や石ころなどすべてのものをつくる「原子」を構成しているのも素粒子の一種です。

火の玉に変化！ こうやって宇宙は誕生した

素粒子はすべてのものの原点

素粒子とは、ものを拡大してみたときに最後に残る、もっとも小さい粒のこと。素粒子にはさまざまな種類があり、人間や石などを形づくる「原子」も、素粒子からできている。

砂粒が天の川銀河になるほどの急膨張！インフレーション理論とは

インフレーションを唱えたのは日本人？

前ページで紹介した「ビッグバン理論」に大きく関係しているのが「インフレーション理論」です。**誕生したばかりの小さな宇宙が一瞬のうちに巨大化した出来事を「インフレーション」といいます**。

そもそも、この「インフレーションによって宇宙が膨らんだ」という考え方は、1979年にソ連（当時）のアレクセイ・スタロビンスキー博士、1981年に日本の佐藤勝彦博士、同年にアメリカのアラン・グース博士によって、別々に発表されました。同じ時代に同じ結論にたどり着いた科学者が複数いたのです。

インフレーションでは、宇宙が誕生してから10^{-36}から10^{-34}秒後という一瞬で、1兆×1兆×100万倍という、想像を遥かに超えた大きさに膨らんだと考えられています。ちなみに10^{-36}秒とは、1秒の1兆分の1の1兆分の1の、さらに1兆分の1という想像できないほど短い時間のことです。この速さをたとえるなら、小さな砂粒が一瞬で天の川銀河よりも大きくなるようなもので、宇宙がとてつもない速さで成長したことがわかります。

宇宙の誕生についてはいくつかの説があり、宇宙が急激に膨らむしくみについては未知のエネルギーによって引き起こされたのではないかという説が有力となっています。

とてつもない速さで宇宙は誕生した！

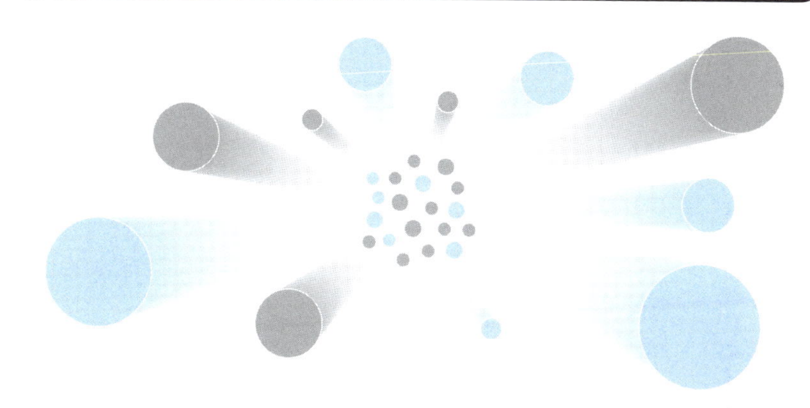

京都大学の佐藤勝彦博士が1981年に発表したインフレーション理論では、宇宙誕生後から超短時間で宇宙が急膨張し、その際に放出された熱エネルギーがビッグバンの火の玉になったと説明している。

インフレーション理論は正しいのか？

この理論が正しいという証拠を見つけようとする研究が進みつつある。NASAが打ち上げた宇宙背景放射探査衛星（COBE）の観測によって、2000年代にはインフレーション理論の予測と矛盾しない結果が得られた。

現在も未解決の天文学の「説」は？

超巨大ブラックホールはどこからきた？

現代の天文観測技術はめざましく進歩しており、何億光年も彼方にある宇宙の姿が観測できるようになってきました。最近では、「クエーサー」という超巨大ブラックホールの誕生について、さまざまな研究が発表されています。

たとえば、２０２４年にドイツ・ハイデンベルク大学のサラ・ボスマン博士らが、クエーサー「Ｊ１１２０＋０６４１」の観測結果を発表しました。

クエーサーとは、質量が太陽のおよそ数十万倍から数百億倍もある超巨大ブラックホールで、周囲の物質をその巨大な重力で吸収しているものです。物質を吸収する際のエネルギーによってギラギラと輝くため、クエーサーは極めて明るい天体として観測されます。

今回観測されたクエーサーは、私たちのいる地球から約１３０億光年も彼方にあります。その光が地球に届くということは、光が発したのは遥か昔ということ。宇宙が生まれてから８億年というとても初期のものということになります。

同時に、この発見により宇宙誕生の初期段階からクエーサーがあったとなると、「超巨大ブラックホールがいつどのように生まれたのか説明できない」という問題が浮上し、研究者を悩ませる結果となりました。まだまだ宇宙の謎は深まるばかりなのです。

光り輝く超巨大ブラックホール「クエーサー」

クエーサー（quasar）とは、もとは「星のように見える電波源」といわれていた。銀河の中心に存在し、1兆個の恒星に匹敵するパワーで明るく輝くと考えられている。

「宇宙の終わり」には5つの説がある！

「宇宙の誕生」だけでなく、「宇宙の終わり」にも諸説ある。

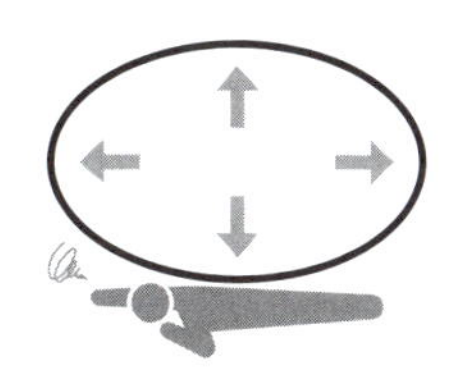

①ビッグクランチ（潰れる）

宇宙が収縮を起こし、潰れて終わる。

②熱的死

天の川銀河などの星など、すべてが燃え尽きて蒸発する。

③ビッグリップ（引き裂かれる）

エネルギーによって急膨張し、ズタズタに引き裂かれる。

④真空崩壊

突然、何もなかったかのように泡のように完全消滅する。

⑤ビッグバウンス（爆発）

バンッという音のように、すべてのものが破壊される。

日本にも天文遺跡が存在した

エジプトの観光名所として有名なピラミッドは、天文と非常にかかわりの深い建造物です。天文の観測技術を活用して建設されたとされています。イギリスのストーンヘンジという巨大な石でできた建造物も、同じく天文にかかわりがあるとされ、石の配置が夏至の日の日の出と冬至の日の日の入りを考慮したものになっていると考えられています。

実は日本にも、そういった天文にかかわりのある遺跡があります。たとえば、奈良県のキトラ古墳には天井に天文図が描かれています。これは東アジア最古の現存する天文図です。太陽の通り道である黄道（こうどう）や、いくつかの円、日像、月像などが見て取れますが、観測した通りの星の様子を描いたというより、あくまで大陸から持ち込まれた星図を写したようです。

ほかにも、秋田県には縄文時代後期の遺跡である大湯環状列石があります。万座と野中堂という、２つの環状に配置された列石からできており、それぞれの環状列石の北西側に日時計状組石が置かれているのが特徴です。２つの環状列石の中心と日時計状組石をそれぞれ結ぶと、４点が一直線上に並んでいます。この線は、夏至の日没の向きとほぼ一致しているとの説もありましたが、本当の使われ方や目的はまだわかっていません。

宇宙へ行きたい！「人×宇宙」のこれまでとこれから

人類は宇宙への夢を抱き、実際に宇宙へ旅立ちました。月面着陸や宇宙ステーションなど、これまでの挑戦と未来の展望を見つめます。

1957年に人工衛星の打ち上げに成功

米ソによる宇宙開発競争のはじまり

大昔から人類は宇宙に思いをはせていました。近代以降、それは宇宙旅行という形で具体化されるようになります。それを決定づけた大きな出来事が、**1957年のスプートニク1号の成功**です。「宇宙旅行の父」と呼ばれるロシアのロケット工学者ツィオルコフスキーの生誕100年に合わせて打ち上げられた旧ソ連の人工衛星で、同時に**〝人類初の人工衛星〟**でもありました。

当時、世界は東西冷戦下にありました。第二次世界大戦の終結後、アメリカ合衆国を中心とする西側諸国と、ソ連を中心とする東側諸国との間で生まれた対立構造です。ソ連によるスプートニク1号の成功は、軍事的優位にあると考えていたアメリカ及び西側諸国に大きな衝撃をあたえました。「スプートニク・ショック」と呼ばれるこの一件により、アメリカはソ連を追って本格的に宇宙開発に乗りだすことになります。**「宇宙開発競争」と呼ばれるこの米ソ両国による宇宙を舞台にした競争は1975年ごろまで続きます**が、競争の序盤をリードしたのはソ連でした。1号と同じ年、犬のライカを乗せたことで有名な、初の宇宙船「スプートニク2号」の打ち上げに成功したソ連は、1961年、ついに〝人類初の有人宇宙飛行〟をも成功させたのです（108〜109ページ参照）。

人類初の人工衛星「スプートニク１号」

スプートニク1号	
打ち上げ日	1957年10月4日
本体直径	58cm
本体重量	83.6kg
目的	電離層の観測・無線信号の発信

アルミニウム製の球形の機体を持ち、地球の楕円軌道を96.2分周期で周回した。

冷戦構造が生んだ宇宙開発競争

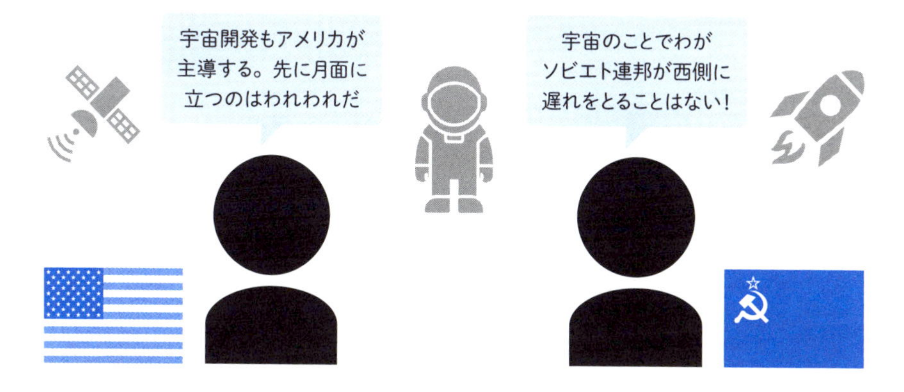

宇宙開発もアメリカが主導する。先に月面に立つのはわれわれだ
宇宙のことでわがソビエト連邦が西側に遅れをとることはない！

スプートニク１号の打ち上げ成功を機に、冷戦下の東西の各リーダーだったアメリカと旧ソ連が宇宙開発にしのぎを削る時代が到来。有人宇宙飛行、月面着陸などを競った。

人類が初めて宇宙に旅立ったのは1961年

宇宙から地球を見た最初の人類

1957年の「スプートニク1号」の成功から間をおかず、旧ソ連がまたも宇宙開発における記念碑的偉業をなしとげました。**1961年4月12日、宇宙飛行士ユーリイ・ガガーリンを乗せた宇宙船「ボストーク1号」が、地球のまわりを1周したあと、地上に帰還したのです。〝人類初の有人宇宙飛行〟の成功です。**

宇宙開発は科学技術の発展がもたらす素晴らしい成果のひとつですが、その一方でロケットや衛星の技術はもともと軍事目的で開発されてきたものでもあります。そうした視点から考えるならば、宇宙開発競争でソ連の後手を踏むことは、西側のリーダーであるアメリカにとって決して見すごすことのできない事態です。

そんなアメリカをあざ笑うかのように、ガガーリンを乗せたボストーク1号は地球を周回します。今まで地球から空を見上げることしかできなかった人類が、宇宙から地球を見下ろした瞬間です。

その後、任務を終えたボストーク1号はエンジン部分を切り離し、再突入カプセルで大気圏に突入。ガガーリンともども無事に地球に帰還しました。なお、当時は「ガガーリンはカプセルに搭乗した状態で着陸に成功した」と報道されていましたが、実際は座席ごと射出されてパラシュートで降下したそうです。

人類初の有人宇宙船「ボストーク1号」

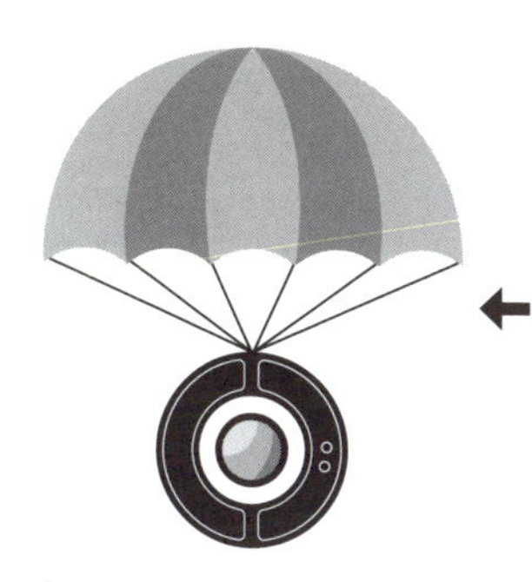

帰還時はエンジン部分を切り離し、球形のカプセル単体の姿で大気圏に再突入。最後はカプセルと飛行士がそれぞれパラシュートで降下した。

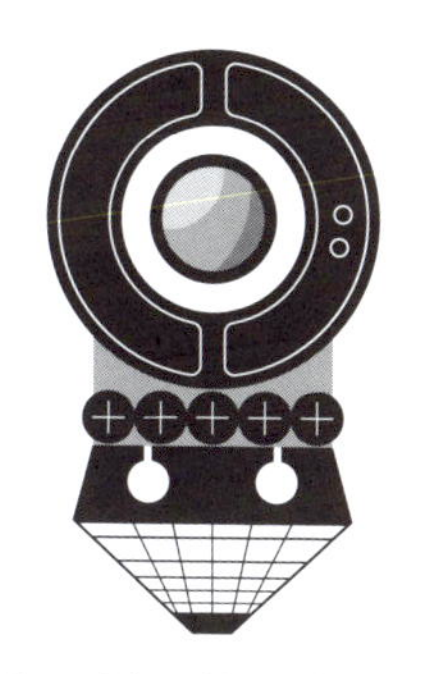

ロケットを切り離して本体だけになったボストーク1号は、地球のまわりを108分かけて1周した。

ボストーク1号を宇宙に運んだ「R-7ロケット」（ボストークロケット）はロシアの宇宙開発を長く支え、21世紀現在まで後継機が活躍。

ガガーリンの名言「地球は青かった」

空はとても暗く、
地球は青みがかっています

ガガーリンの名言として有名な「地球は青かった」だが、より忠実な訳としては「空はとても暗く、地球は青みがかっていた」となる。詩的な響きもあってか日本では特に親しまれている名言だが、世界的には発射の際に彼が口にした「さあ行こう！」のほうが知られている。

人類初の月面着陸に成功したアポロ計画

アメリカの威信をかけた一大計画

1958年、アメリカは「NASA（アメリカ航空宇宙局）」を設立しました。ソ連が「スプートニク1号」の打ち上げに成功した翌年のことで、当時アメリカが受けた衝撃のほどがうかがえます。**「アポロ計画」は、そのNASAが打ち出した人類初の月への有人宇宙飛行計画**です。

1961年、ソ連の「ボストーク1号」（108～109ページ参照）が世界初の有人宇宙飛行に成功。これに対抗する形で、当時のジョン・F・ケネディ米大統領がアポロ計画を支援し、10年以内の月面着陸を宣言します。

その言葉の通り、**1969年7月20日、アポロ11号が念願の月面着陸をはたします**。船長アームストロングらが月面に降り立ち、人類は初めて地球以外の天体に足跡を残したのです。

このとき、アームストロングは「これは一人の人間にとっては小さな一歩だが、人類にとっては偉大な飛躍である」という名言を残しました。この言葉が決して大げさに聞こえぬほど、彼が月にしるした一歩は人類史に残る画期的な出来事だったのです。

アポロ計画のもと、アメリカは1972年までに全6回の有人月面着陸に成功しました。これまで宇宙開発競争をリードしてきたソ連に対し、アメリカが歴史的快挙を成し遂げたのです。

アポロ計画の主役「アポロ宇宙船」

イーグル号

アポロ11号の月着陸船。実際に月面に降り立った機体のため、“アポロ11号=イーグル号”の印象が強い。

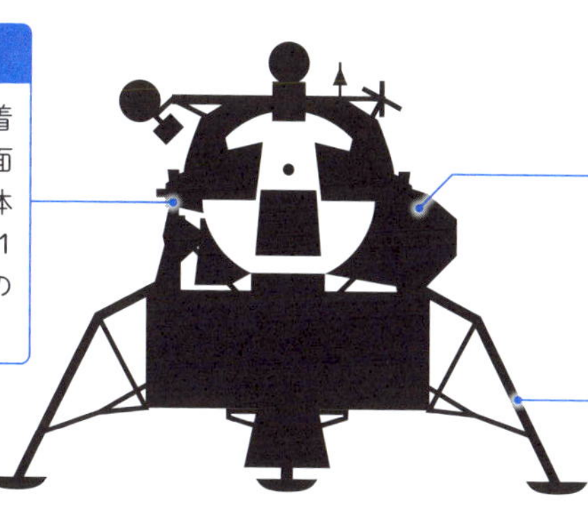

アポロ宇宙船

NASAがアポロ計画のために造った宇宙船で、20号まである。司令船・機械船・月着陸船の3つの総称。

アポロ11号

「アポロ○号」はプロジェクト名であると同時に、使用されるアポロ宇宙船も指す。「○」には計画の通し番号が付く。

月面では写真撮影や岩石の採取などのミッションをこなした。このとき採取した月の石は親善のため世界各国に寄贈され、日本に贈られたものは国立科学博物館で展示されている。

世界中に中継された着陸の瞬間

3人の乗組員のうち、船長アームストロングとオルドリンの2人が月面に降り立った。当時の世界人口の20%にあたる約6億人が“世紀の中継”を見たといわれている。日本でもNHKが着陸の様子を衛星生中継で伝えた。

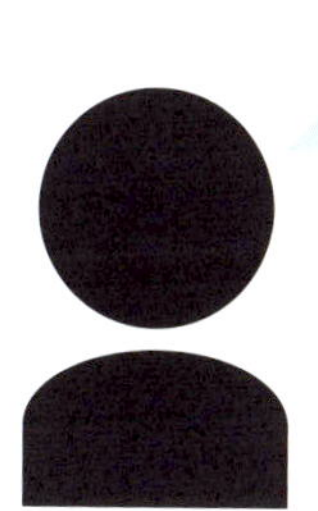

何度も宇宙へ旅立つことを目指したスペースシャトル

機体を再使用してコストダウンを

東西冷戦が緩和に向かった1975年、米ソ両国の宇宙船が共同飛行するプロジェクトが行われました。この「アポロ・ソユーズテスト計画」によって、「宇宙開発競争」の時代は終わりを告げたのです。ただし宇宙開発自体は続き、**1981年にNASAの「スペースシャトル」が宇宙空間への初フライトを行います**。

スペースシャトルは、NASAが開発した「再使用型宇宙往還機」。読んで字のごとく、再使用を前提に宇宙と地球を往復するように造られた宇宙船という意味です。そもそも〝シャトル〟という名前からして、「往復するもの」を指す言葉なのです。

それでは再使用型の宇宙船が計画された背景には、どんな理由があるのでしょうか。従来のロケットは使い捨てを前提としていて、打ち上げごとに多大なコストがかかりました。そこで**NASAは再使用可能な宇宙船を造ることで、コストダウンをはかろうとした**のです。

実際にスペースシャトルの本体部分（オービター）はくり返し地球と宇宙とを往復しましたが、乗組員が犠牲となった爆発事故などの影響から保守にコストがかかるようになり、結果としてコストダウンは達成できませんでした。スペースシャトルは機体の老朽化もあって、2010年代初めにその役割を終えました。

スペースシャトルの特徴

オービター（軌道船）

スペースシャトルの部分のうち、外部燃料タンクとロケットブースターを除く、宇宙船の実質的な本体を「オービター」という。

主な活動の成果

・有人宇宙活動における技術の獲得
・地球を回る軌道上での各種実験
・人工衛星などの打ち上げ・修理・回収
・国際宇宙ステーション（ISS）への物資や人員の輸送

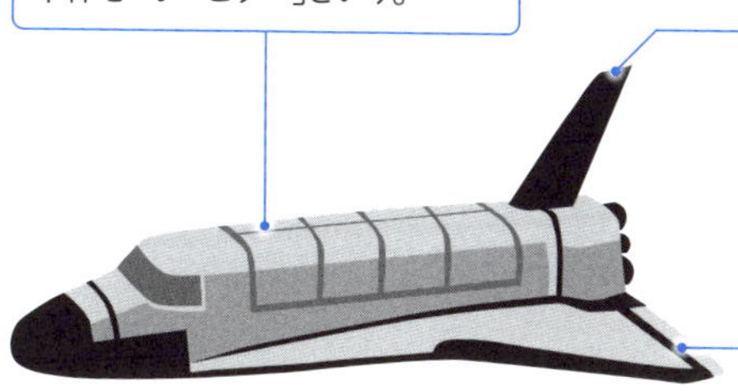

使用コスト

コストダウンのため、従来のロケットとは異なり、燃料タンク以外は再利用できるよう設計された。ところが、使い捨てのロケットよりも、本体を再利用するための整備費がかさむという誤算があった。

スペースシャトルの飛行年表

年月	主な飛行・出来事
1977年2月	実験機エンタープライズ号の初飛行
1981年4月	コロンビア号の初飛行（シャトルの宇宙への初飛行）
1983年4月	チャレンジャー号の初飛行
1984年8月	ディスカバリー号の初飛行
1985年10月	アトランティス号の初飛行
1986年1月	「チャレンジャー号爆発事故」。飛行士7名全員が犠牲に
1992年5月	エンデバー号初飛行
2000年10月	シャトル通算100回目となる飛行（ディスカバリー号）
2003年2月	「コロンビア号空中分解事故」。飛行士7名全員が犠牲に
2011年2月	ディスカバリー号最終飛行
2011年5月	エンデバー号最終飛行
2011年7月	アトランティス号によるシャトル計画最後の飛行

1981年のコロンビア号による宇宙空間への初飛行から数えて、2011年7月の退役まで通算135回の宇宙飛行を行った。

天文研究の拠点も地球から宇宙へ

15カ国が参加する国際宇宙ステーション

宇宙船が宇宙飛行を実現させる〝乗り物〟だとしたら、「宇宙ステーション」は人間が宇宙で生活するための〝拠点（家）〟ということになるでしょう。宇宙開発が進むなかで、必然的にその拠点となる宇宙ステーションの建設も進み、1971年にソ連が世界初の宇宙ステーション「サリュート1号」を打ち上げ、アメリカも1973年に「スカイラブ」を開発しました。

その後、1990年代にアメリカで「国際宇宙ステーション（ISS）」をつくる計画が持ち上がります。これにソ連崩壊後のロシアが同調し、開発がはじまったのが1998年のこと。以後、参加各国が段階的に物資と人員を送り込み、**2011年にISSは完成**しました。ちなみに、2000年には宇宙飛行士の滞在もはじまっています。

宇宙空間という特殊な環境下で長期的・継続的に実験や研究を行い、人類の科学の発展に寄与することがISSの目的です。アメリカの呼びかけに参加したのはロシアのほか、カナダと日本、そして欧州宇宙機関（ESA）加盟の11カ国。不安定な政治状況から、参加を希望しながらかなわない国、離脱を表明している国もあります。それでも人類の未来と科学の発展のため、ISSのような国の枠組みを超えたプロジェクトはとても重要です。

国際宇宙ステーション（ISS）とは

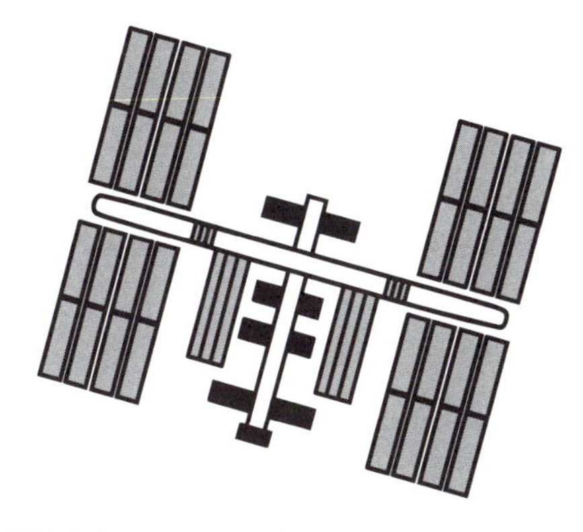

参加国

アメリカ／ロシア／カナダ／日本／欧州宇宙機関（ESA）加盟国（ベルギー／デンマーク／フランス／ドイツ／イタリア／オランダ／ノルウェー／スペイン／スウェーデン／スイス／イギリス）

「国際宇宙ステーション（International Space Station 略称 ISS）」は15カ国が参加する国際プロジェクトで、施設自体も各国が建造したモジュール（部品）が組み合わさってできている。宇宙実験棟「きぼう」は日本が開発したもの。

地球を回る軌道上を１日約16回周回している

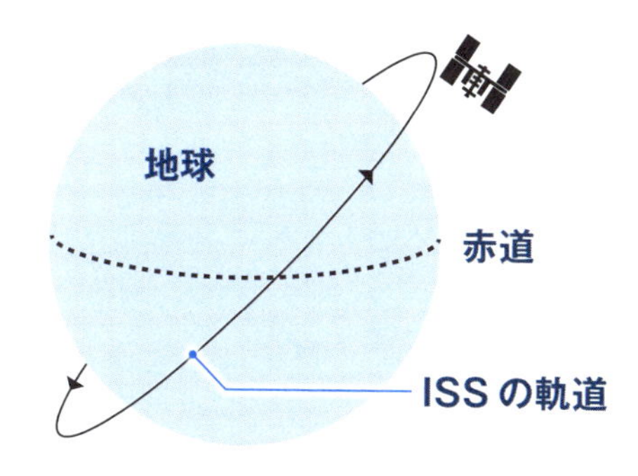

ISSは地球の赤道面に対して51.6度の傾斜角で地球を周回している。周回速度は秒速約7.7km。約90分で地球を1周し、1日で約16周する。

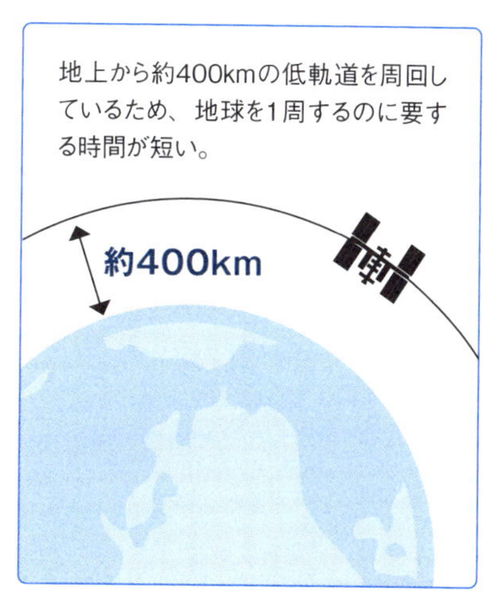

地上から約400kmの低軌道を周回しているため、地球を1周するのに要する時間が短い。

一般人でも宇宙旅行へ行ける時代へ

民間による有人宇宙飛行に成功

「民間宇宙飛行」という言葉が身近になってきました。**宇宙空間の定義は高度100㎞以上の空間。この領域までたどり着くと、「宇宙飛行をした」と認められます**。従来それは、NASAなどの宇宙開発機関で専門の訓練を受けた宇宙飛行士だけが可能なことでした。それが近年では、民間企業の参入により、一般の人びとも宇宙飛行を体験できるようになっています。

2004年、アメリカのスケールド・コンポジッツ社が開発した**「スペースシップⅠ」が、世界初の民間企業による有人宇宙飛行に成功しました**。このときの飛行は、**高度約100㎞に向けた「弾道飛行（サブオービタル飛行）」**。地球をまわる「周回飛行（オービタル飛行）」とは異なり、打ち上げて宇宙空間に達したら、そこから落ちてくるような飛び方ですが、それでも「宇宙飛行」の定義は満たしていることになります。その後、後継機の「スペースシップⅡ」が、ヴァージン・ギャラクティック社によって2024年まで商業運用されています。

より本格的な宇宙船としては、スペースX社が「スターシップ」という完全再使用型の宇宙船を開発中です。人員と物資とを、地球を周回する軌道にとどまらず、月や火星に運ぶという構想で、実現すれば一般人でも宇宙旅行を楽しめる時代がやって来るかもしれません。

民間企業による宇宙飛行計画

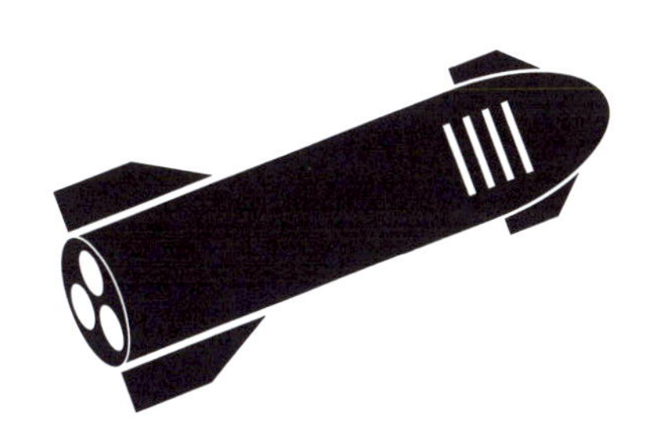

スペースシップⅡ(ツー)（ヴァージン・ギャラクティック社）

輸送用の双胴機（2つの胴体を持つ航空機）の中央に吊された状態で離陸、高度約1万5000km で発射され、宇宙空間まで弾道飛行を行う。乗客は少なくとも数分間の無重力状態を体験できる。

スターシップ（スペースX社）

地球の周回飛行や、月や火星との往復が可能な本格的な宇宙船。最大100名が搭乗可能。また、地球上の2地点間をどこでも1時間以内で移動できるとしている。

スペースシップⅡは、45万ドル（約6600万円）でフライト参加者を募集していた。今のところは、まだまだ宇宙飛行は一般人にはハードルが高い。

実現すれば宇宙がもっと身近に？

宇宙エレベータ

人工衛星や宇宙ステーションと地上とを特殊なケーブルで結び、エレベータで上下する。宇宙との往復が安価で行えるため、宇宙旅行の手段としても期待されている。

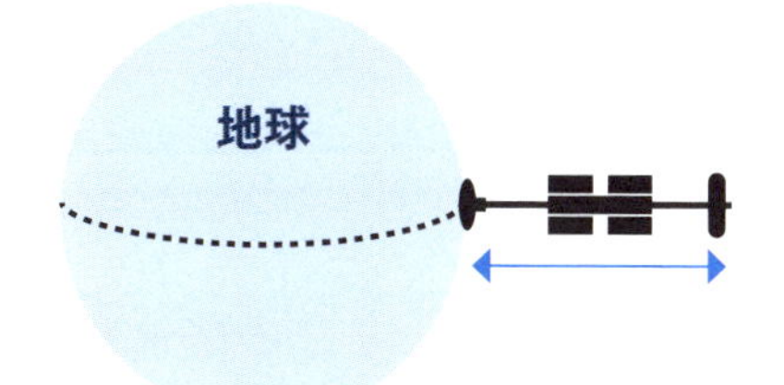

民間宇宙ステーション

国際宇宙ステーションの退役後には、後継を民間が担う商用宇宙ステーションの構想が進められている。民間人相手にホテルとして運用する構想もある。

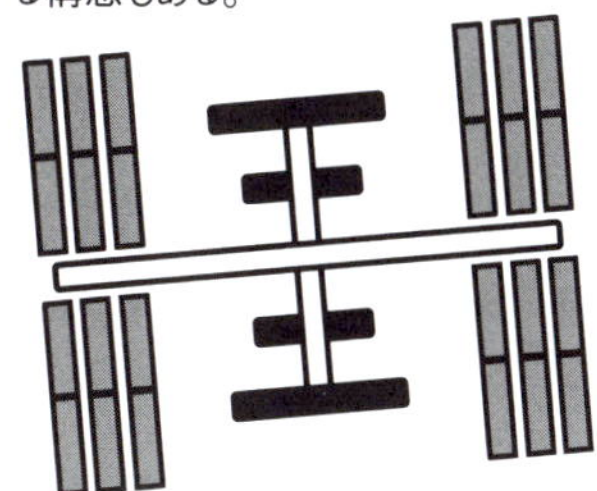

月での持続的活動を目指すアルテミス

「アポロ計画」による有人月面探査の終了から約50年。ここにきて、**再び人類を月に送り込む計画が進行しています。それが「アルテミス計画」**。アメリカが主導する月探査の国際プロジェクトで、日本を含む各国の宇宙開発機関やさまざまな民間企業も参加しています。

「アルテミス」は、ギリシャ神話の月の女神で、アポロ計画の由来である太陽神アポロンの双子のきょうだい。そのアルテミスの名を冠している点からも、アメリカの本気度がうかがえるというもの。

２０２４年末現在、月進出の第一歩となる月を周回する有人飛行が２０２６年以降に、有人月面着陸が２０２７年以降にそれぞれ予定されています。その後、**月面に持続的な活動を行うための拠点を建設**し、将来的には民間企業の手による経済圏を確立することも構想されています。あわせて**月を周回する宇宙ステーション「ゲートウェイ」を建設**し、ここで研究を行う一方、地球外活動の拠点とする方針もあきらかにされています。

将来的には有人火星探査も目標とされていますが、その道はけわしいでしょう。とはいえ、初の有人宇宙飛行からまだ六十数年しか経っていないことを考えると、計画が成功を収める日もそう遠い未来のことではないのかもしれません。

アルテミス計画とは

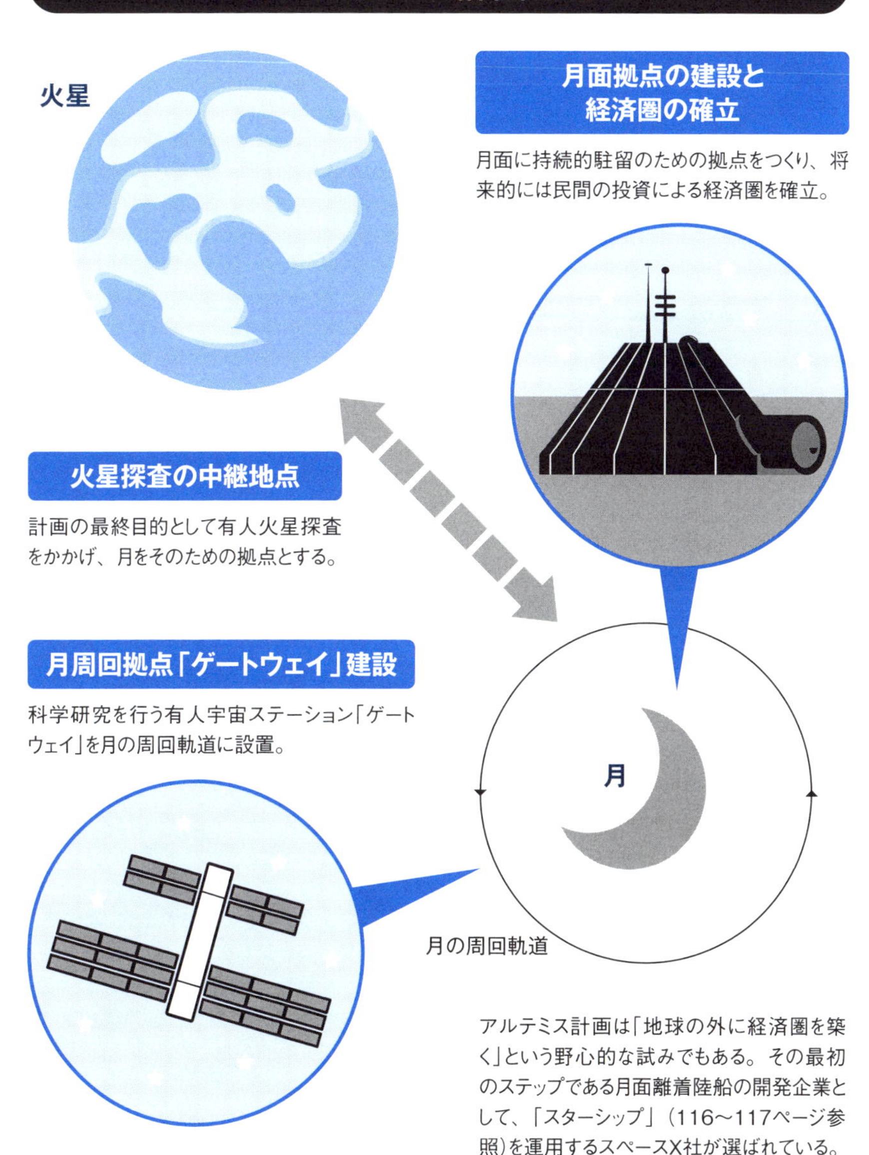

アルテミス計画は「地球の外に経済圏を築く」という野心的な試みでもある。その最初のステップである月面離着陸船の開発企業として、「スターシップ」（116〜117ページ参照）を運用するスペースX社が選ばれている。

巻末特集

形と観測時期がわかる！

88星座一覧

星同士を結び、その形をさまざまなものにたとえた星座。
適切な時刻に観測できる順に、1月をはじまりとして、
全88個の星座を一覧で紹介していきます。

一覧表の見方

※月ごとに背景の色を変えています。

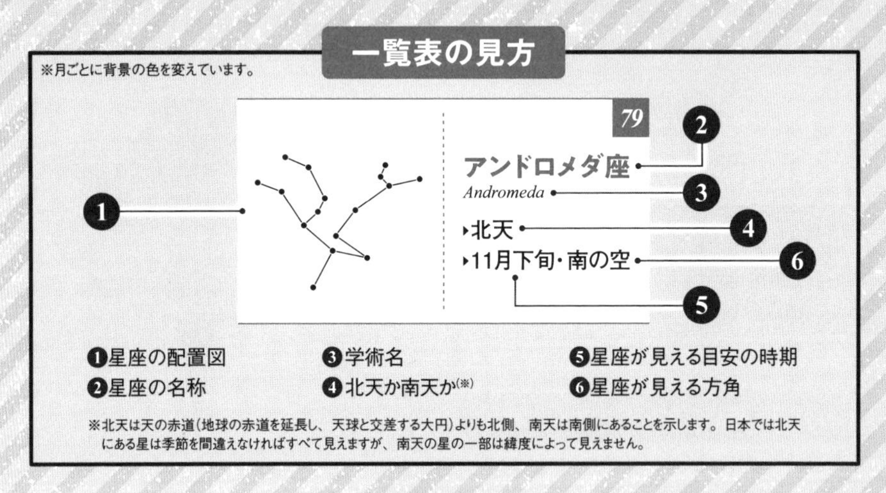

❶星座の配置図
❷星座の名称
❸学術名
❹北天か南天か(※)
❺星座が見える目安の時期
❻星座が見える方角

※北天は天の赤道（地球の赤道を延長し、天球と交差する大円）よりも北側、南天は南側にあることを示します。日本では北天にある星は季節を間違えなければすべて見えますが、南天の星の一部は緯度によって見えません。

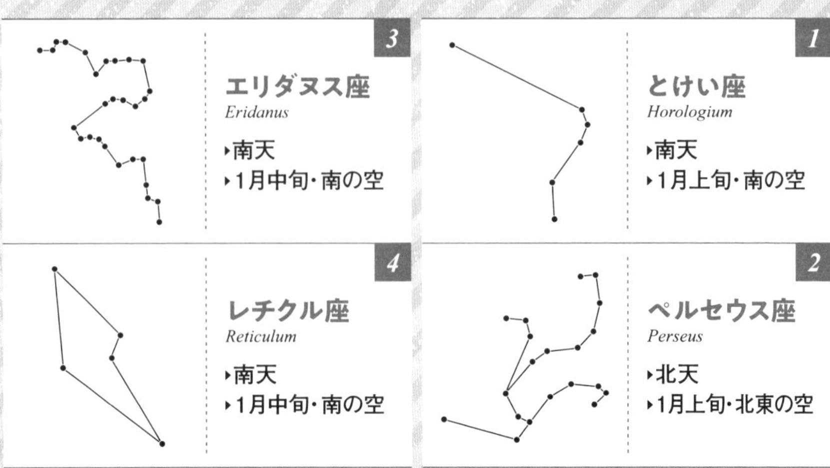

※星座は図形ではなく天球上の特定の領域を指すもので（40〜41ページ参照）、線の結び方にも唯一の正解はありません。ここでは、その星座で一般的に描かれる線の結び方を示した図形を掲載しています。

5
おうし座
Taurus
‣北天
‣1月下旬・東の空
6
かじき座
Dorado
‣南天
‣1月下旬・南の空
7
ちょうこくぐ座
Caelum
‣南天
‣1月下旬・南の空
8
うさぎ座
Lepus
‣北天
‣2月上旬・南東の空
9
おおいぬ座
Canis Major
‣北天
‣2月上旬・南の空
10
オリオン座
Orion
‣北天
‣2月上旬・南の空
11
がか座
Pictor
‣南天
‣2月上旬・南の空
12
テーブルさん座
Mensa
‣南天
‣2月上旬・南の空
13
はと座
Columba
‣南天
‣2月上旬・南の空
14
ぎょしゃ座
Auriga
‣北天
‣2月中旬・北の空
15
きりん座
Camelopardalis
‣北天
‣2月中旬・北の空
16
いっかくじゅう座
Monoceros
‣南天
‣3月上旬・南の空

23
らしんばん座
Pyxis
南天
3月下旬・南の空
24
りゅうこつ座
Carina
南天
3月下旬・南の空
25
ほ座
Vela
南天
4月上旬・南の空
26
ポンプ座
Antlia
南天
4月中旬・南の空
27
ろくぶんぎ座
Sextans
南天
4月中旬・南の空
28
うみへび座
Hydra
南天
4月下旬・南の空
17
ふたご座
Gemini
北天
3月上旬・東の空
18
こいぬ座
Canis Minor
北天
3月中旬・東の空
19
とびうお座
Volans
南天
3月中旬・南の空
20
とも座
Puppis
南天
3月中旬・南の空
21
やまねこ座
Lynx
北天
3月中旬・北の空
22
かに座
Cancer
北天
3月下旬・東の空

29
カメレオン座
Chamaeleon
▸南天
▸4月下旬・南の空
30
こじし座
Leo Minor
▸北天
▸4月下旬・北の空
31
しし座
Leo
▸北天
▸4月下旬・東の空
32
おおぐま座
Ursa Major
▸北天
▸5月上旬・北の空
33
からす座
Corvus
▸南天
▸5月上旬・南の空
34
コップ座
Crater
▸南天
▸5月上旬・南の空
35
かみのけ座
Coma Berenices
▸北天
▸5月下旬・北の空
36
はえ座
Musca
▸南天
▸5月下旬・南の空
37
みなみじゅうじ座
Crux
▸南天
▸5月下旬・南の空
38
おとめ座
Virgo
▸北天
▸6月上旬・東の空
39
ケンタウルス座
Centaurus
▸南天
▸6月上旬・南の空
40
りょうけん座
Canes Venatici
▸北天
▸6月上旬・北の空

41
うしかい座
Bootes
▸北天
▸6月下旬・西の空
42
コンパス座
Circinus
▸南天
▸6月下旬・南の空
43
おおかみ座
Lupus
▸南天
▸7月上旬・南の空
44
てんびん座
Libra
▸南天
▸7月上旬・南の空
45
かんむり座
Corona Borealis
▸南天
▸7月中旬・南の空
46
こぐま座
Ursa Minor
▸北天
▸7月中旬・北の空
47
じょうぎ座
Norma
▸南天
▸7月中旬・南の空
48
みなみのさんかく座
Triangulum Australe
▸南天
▸7月中旬・南の空
49
ふうちょう座
Apus
▸南天
▸7月中旬・南の空
50
へび座
Serpens
▸南天
▸7月中旬(頭部)、8月中旬(尾部)・南の空
51
さそり座
Scorpius
▸北天
▸7月下旬・南の空
52
さいだん座
Ara
▸南天
▸8月上旬・南の空

53
へびつかい座
Ophiuchus
‣南天
‣8月上旬・南の空
54
ヘルクレス座
Hercules
‣北天
‣8月上旬・北の空
55
りゅう座
Draco
‣北天
‣8月上旬・北の空
56
こと座
Lyra
‣北天
‣8月下旬・東の空
57
たて座
Scutum
‣南天
‣8月下旬・南の空
58
みなみのかんむり座
Corona Australis
‣南天
‣8月下旬・南の空
59
いて座
Sagittarius
‣南天
‣9月上旬・南の空
60
くじゃく座
Pavo
‣南天
‣9月上旬・南の空
61
ぼうえんきょう座
Telescopium
‣南天
‣9月上旬・南の空
62
わし座
Aquila
‣北天
‣9月上旬・東の空
63
こぎつね座
Vulpecula
‣北天
‣9月上旬・東の空
64
や座
Sagitta
‣南天
‣9月中旬・南の空

65
いるか座
Delphinus
- 北天
- 9月下旬・東の空

66
けんびきょう座
Microscopium
- 南天
- 9月下旬・南の空

67
はくちょう座
Cygnus
- 北天
- 9月上旬・北の空

68
やぎ座
Capricornus
- 南天
- 9月下旬・南の空

69
インディアン座
Indus
- 南天
- 10月上旬・南の空

70
こうま座
Equuleus
- 北天
- 10月上旬・東の空

71
はちぶんぎ座
Octans
- 南天
- 10月上旬・南の空

72
ケフェウス座
Cepheus
- 北天
- 10月中旬・北の空

73
みなみのうお座
Piscis Austrinus
- 北天
- 10月中旬・南の空

74
つる座
Grus
- 南天
- 10月下旬・南の空

75
とかげ座
Lacerta
- 北天
- 10月下旬・北の空

76
ペガスス座
Pegasus
- 北天
- 10月下旬・南の空

77
みずがめ座
Aquarius
▸南天
▸10月下旬・南の空
78
きょしちょう座
Tucana
▸南天
▸11月中旬・南の空
79
アンドロメダ座
Andromeda
▸北天
▸11月下旬・南の空
80
うお座
Pisces
▸北天
▸11月下旬・東の空
81
ちょうこくしつ座
Sculptor
▸南天
▸11月下旬・南の空
82
カシオペヤ座
Cassiopeia
▸北天
▸12月上旬・北の空
83
ほうおう座
Phoenix
▸南天
▸12月上旬・南の空
84
くじら座
Cetus
▸南天
▸12月中旬・南の空
85
さんかく座
Triangulum
▸北天
▸12月中旬・北の空
86
おひつじ座
Aries
▸北天
▸12月下旬・東の空
87
みずへび座
Hydrus
▸南天
▸12月下旬・南の空
88
ろ座
Fornax
▸南天
▸12月下旬・南の空

監修者紹介

渡部 潤一（わたなべ じゅんいち）

1960年福島県生まれ。東京大学理学部卒、同大学院修了。自然科学研究機構国立天文台副台長を経て、現在、同天文情報センター長・上席教授、総合研究大学院大学教授。理学博士。専門は太陽系天文学で、彗星、流星、小惑星、太陽系外縁天体の観測的研究に従事。2006年、国際天文学連合の惑星定義委員として、準惑星という新たなカテゴリーを設け、冥王星をその代表的存在とする決定に関与した。研究のかたわら、最新の天文学の成果を講演や執筆を通じてわかりやすく伝える活動も行う。『古代文明と星空の謎』（筑摩書房）、『面白いほど宇宙がわかる15の言の葉』（小学館101新書）、『眠れなくなるほど面白い 図解プレミアム 宇宙の話』（日本文芸社）など著書・監修書多数。

参考文献

『ニュートン超図解新書 最強に面白い 銀河』渡部潤一 監修（ニュートンプレス）／『面白いほど宇宙がわかる15の言の葉』渡部潤一 著（小学館101新書）／『星空の散歩道』渡部潤一 著（教育評論社）／『眠れなくなるほど面白い 図解 宇宙の話』渡部潤一 監修（日本文芸社）／『宇宙 新訂版（講談社の動く図鑑 MOVE）』講談社 編、渡部潤一 監修（講談社）／『眠れない夜に読みたくなる宇宙の話80』宇宙すずちゃんねる 著、渡部潤一 監修（KADOKAWA）／『わくわくどきどき 宇宙のひみつ』朝日新聞出版 編著、渡部潤一 監修（朝日新聞出版）

STAFF

編集	細谷健次朗（株式会社 G.B.）
編集協力	吉川はるか、池田麻衣
執筆協力	野村郁朋、龍田 昇、北川紗織
カバーデザイン	木田龍玖（アイル企画）
カバーイラスト	羽田創哉（アイル企画）
本文デザイン	深澤祐樹（Q.design）
本文イラスト	こかちよ
DTP	G.B.Design House
校正	聚珍社

眠れなくなるほど面白い
図解 天文学の話

2025年5月1日 第1刷発行

監 修	渡部潤一（わたなべじゅんいち）
発行者	竹村 響
印刷所	株式会社 光邦
製本所	株式会社 光邦
発行所	株式会社 日本文芸社
	〒100-0003 東京都千代田区一ツ橋 1-1-1 パレスサイドビル 8F

乱丁・落丁などの不良品、内容に関するお問い合わせは、
小社ウェブサイトお問い合わせフォームまでお願いいたします。
URL https://www.nihonbungeisha.co.jp/

Printed in Japan 112250418-112250418 Ⓝ01 （300091）

ISBN978-4-537-22283-8
（編集担当：萩原）